Naturbaustoffe

Dipl.-Ing. Dr. techn. Heinrich Bruckner
o. Univ. Prof. Dr. techn. Dr.-Ing. habil. Ulrich Schneider

Werner Verlag

1. Auflage 1998

Die Deutsche Bibliothek – CIP-Einheitsaufnahme

Bruckner, Heinrich:
Naturbaustoffe / von Heinrich Bruckner
und Ulrich Schneider.
– 1. Aufl. – Düsseldorf : Werner, 1998
ISBN 3-8041-4140-4

© Werner Verlag GmbH & Co. KG · Düsseldorf · 1998
Printed in Germany

Zahlenangaben ohne Gewähr.

Offsetdruck und buchbinderische Verarbeitung:
Verlagsdruckerei Schmidt, Neustadt/Aisch

Archiv-Nr.: 1060-6.98
Bestell-Nr.: 3-8041-4140-4

Gesamtinhaltsübersicht

Abschnitt A – Grundlagen

1 EINLEITUNG

1.1 Naturbaustoffe

Seit Beginn der Industrialisierung steht eine ständig wachsende Zahl an Bauprodukten zur Verfügung. Der steigende Lebensstandard und die damit verbundene Verteuerung menschlicher Arbeitskraft erzwingt die Herstellung weitgehend vorgefertigter Produkte. Hochentwickelte Produkte erfordern einen vermehrten Aufwand an Forschung und Entwicklung, einen teuren Maschinenpark und letztendlich die Konzentration auf wenige Herstellungsbetriebe. Diese Entwicklung findet durch den Ausbau des öffentlichen Verkehrsnetzes Unterstützung, was zu einer Globalisierung der Wirtschaft führt.

Mit den ersten Umweltkatastrophen in der zweiten Hälfte unseres Jahrhunderts, dem wachsenden Wissen über die zunehmende Umweltverschmutzung durch Produktion und Verkehr und den damit verbundenen Gesundheitsrisiken sowie den Berechnungen zur Erschöpfbarkeit der Ressourcen, begannen Überlegungen zu möglichen Veränderungen in dieser Entwicklung.

In diesem Zusammenhang ist die Errichtung von Gebäuden von großer Bedeutung, da das Bauen unvermeidlich mit massiven Eingriffen in die Natur verbunden ist. Neben der städtebaulichen bzw. regionalen Bebauungsplanung, der architektonischen Gestaltung und der bautechnischen Ausführung der Bauvorhaben, ist die Wahl der Bauart bzw. Baustoffe ein wichtiges Kriterium für die Umweltverträglichkeit der Bauwerke. Es stellt sich die Frage, wie lange die Rohstoffe für unsere Baustoffe verfügbar sind, wieviel Energie für ihre Herstellung und den Einbau benötigt wird, und mit welchen Auswirkungen auf die Umwelt bzw. Gesundheit zu rechnen ist. Mit vermehrter Produktion bei sinkenden Ressourcen und immer kürzerer Einsatzdauer der Produkte, wird auch die Frage nach der Behandlung und Verwertung alter Produkte aktuell.

Aufgrund dieser Überlegungen ergibt sich die Beschäftigung mit Baustoffen, die ohne Umwandlungsprozesse und mit möglichst niederem Energieaufwand der Natur entnommen werden können, und deren weitere Herstellung durch die Art des Naturvorkommens gesichert ist. Von gleicher Bedeutung ist die mögliche Rückführung der Stoffe in ein natürliches Kreislaufsystem. Baustoffe, die im wesentlichen diesen Anforderungen genügen, werden „Naturbaustoffe" genannt.

1.2 Beschreibung von Baustoffen

Die Einteilung der Baustoffe kann nach unterschiedlichen Gesichtspunkten erfolgen. Ausgangspunkt zur Beschreibung eines Baustoffes in der Praxis ist die Frage nach den Eigenschaften bei der geplanten Anwendung. Die Beschreibungsmerkmale beziehen sich im allgemeinen auf folgende Parameter:

- *mechanisch-technische Größen* – Dichte, Festigkeit, Verformungsverhalten, Verarbeitbarkeit, Frostbeständigkeit, Brandverhalten

- *bauphysikalische Eigenschaften* – Wärmeleitfähigkeit, spezifische Wärmekapazität, Diffusionsverhalten, Wasseraufnahme, akustische Eigenschaften

- *chemische Merkmale* – Inhaltsstoffe, Reaktion mit anderen Stoffen, Auslaugverhalten, Dauerhaftigkeit

- *ökologische Eigenschaften und gesundheitliche Aspekte* – Ressourcen, Energieinput, Umweltbelastung bei der Herstellung, Umweltbelastung bei der Verarbeitung, Entsorgungsprobleme, toxikologische Merkmale, Geruchseigenschaften, Beeinflussung des Raumklimas

- *ökonomische Aspekte* – Menge, Preis.

Neben diesen meist quantitativ erfaßbaren Größen sind weitere, nicht quantifizierbare Merkmale zu berücksichtigen. In erster Linie zählt dazu das Aussehen im Zusammenhang mit der architektonischen Gestaltung. Von Bedeutung ist auch das jeweilige Image des Materials, z. B. geringe Dauerhaftigkeit, „gebrauchte" Baustoffe. Diese Größen lassen sich mit dem Begriff *subjektive Präferenzen* zusammenfassen.

In der Praxis erfolgt die Baustoffauswahl so, daß neben der grundsätzlichen technischen Eignung des Materials, der Preis, die technische Qualität, die Verarbeitung, das gesundheitsschädliches Potential und die subjektiven Präferenzen als Entscheidungsgrundlage herangezogen werden. Wobei der Preis neben der grundsätzlichen technischen Eignung das wesentlichste Auswahlkriterium darstellt. Baustoffpreise werden jedoch wegen der raschen Änderungen im Rahmen dieses Buches nicht weiter behandelt. Die Aufzählung verdeutlicht, daß derzeit ökologisches Gedankengut fast nur über die Frage der persönlichen Gesundheitsgefährdung – und hier vor allem bei der Verwendung – in die Baustoffauswahl mit einfließt. Sollen weitere ökologische Überlegungen in den Entscheidungsprozeß einbezogen werden, ist es daher notwendig, einerseits kostengünstige ökologische Produkte anzubieten, zusätzlich müssen die Zusammenhänge gemäß Abbildung 1-1 berücksichtigt werden.

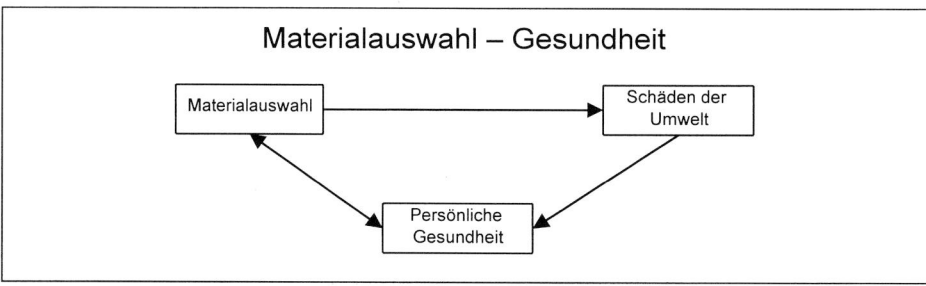

Abbildung 1-1 Zusammenhang zwischen Baustoffauswahl und ökologischen Folgen

2 DEFINITIONEN ZUM ÖKOLOGISCHEN BAUEN

2.1 Ökologie, Ökosystem, Humanökologie

Die *Ökologie* (*oikos* griech. Haus) – die Lehre vom Haushalt der Natur – ist eine aus der Biologie hervorgegangene Wissenschaft, die sich mit den Wechselbeziehungen zwischen den Organismen bzw. der unbelebten und belebten Natur befaßt. Die Themen der Ökologie sind die dynamischen Veränderungen von Wechselbeziehungen, ihre Entwicklungen, Mechanismen der zeitlichen Verschiebung und ggf. möglichen Wiederherstellung von Gleichgewichten (Abbildung 2-1).

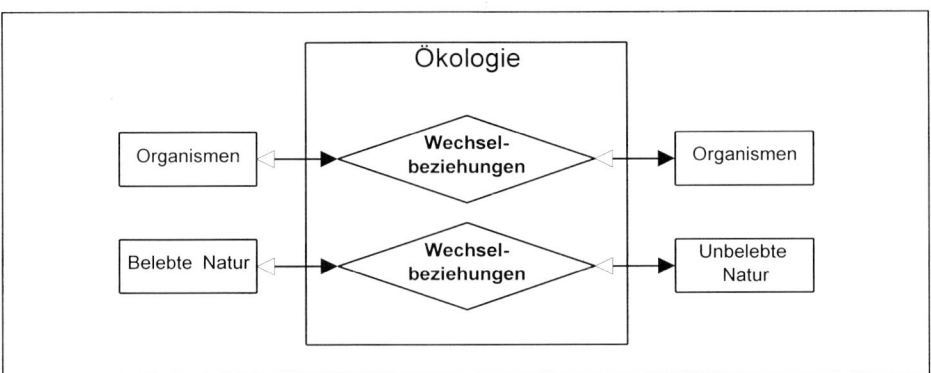

Abbildung 2-1 Definition des Begriffs Ökologie

Ein *Ökosystem* ist eine aus Lebensgemeinschaften (Lebewesen, unbelebte natürliche und vom Menschen geschaffene Bestandteile) und deren Lebensraum (Biotop) bestehende, natürliche funktionelle Einheit, die ein Kreislaufsystem bildet. Ein Ökosystem ist durch die Wechselwirkungen zwischen Organismen und Umweltfaktoren gekennzeichnet und besitzen des weiteren folgende Charakteristika:

- ausgeglichene natürliche Stoffkreisläufe
- Einheit zwischen Lebensraum und Lebensgemeinschaften innerhalb des Raumes
- Wechselwirkungen zwischen Organismen und Umweltfaktoren
- Selbstregulierung der Energie- und Stoffkreisläufe
- Offenheit des Systems (Aufnahme von Sonnenenergie, Energieabgabe durch natürliche Stoffumwandlungen)
- Einstellen eines dynamischen Gleichgewichts – bei gleichbleibenden Systemparametern.

Die *Humanökologie* beschäftigt sich mit den spezifischen Wechselwirkungen zwischen den Menschen und ihrer Umwelt und ist insoweit für die gebaute Umwelt von spezifischer Relevanz.

2.2 Ökologisch Bauen

Der Grundgedanke des ökologischen Bauens ist die Übernahme von Prinzipien der Ökosysteme für das Bauwesen, um den Bestand des Systems „bebaute Umwelt" so weit es möglich ist zu garantieren. Man unterstellt dabei die Richtigkeit der Hypothese, daß die Regeln und Mechanismen des über Jahrmillionen bewährten Naturhaushaltes in Form von Ökosystemen auch auf das Bauwesen übertragbar sind. Daraus können Konzepte für das Bauwesen entwickelt werden, die als Grundlagen die Charakteristika von Ökosystemen verwenden. In Tabelle 2-1 sind solche Prinzipien von Ökosystemen und Beispiele für die damit im Zusammenhang stehenden Aspekte im Bauwesen gegenübergestellt.

Tabelle 2-1 Prinzipien von Ökosystemen und Beispiele für die Umsetzung im Bauwesen

Ökosysteme	Bauwesen
Ausgeglichene natürliche Stoffkreisläufe	Anwendung nachwachsender (z.B. Holz, Schafwolle, Flachs, Schilf, Stroh) bzw. wieder verwendbarer Baustoffe (Lehm, Natursteine etc.)
	Sicherung der Kreislaufwirtschaft bzw. Wiederverwertung
	Geringer Verbrauch von Primärrohstoffresourcen bei der Produktion und der Entsorgung
	Konzeption von Bauprodukten und Konstruktionen mit hoher Lebensdauer
Einheit zwischen Lebensraum und Lebensgemeinschaften innerhalb des Raumes	Verwendung regional verfügbarer Baustoffe
Wechselwirkungen zwischen Organismen und Umweltfaktoren	Entwurf eines individuell abgestimmten Wohnkonzeptes
	Minimierung der negativen Auswirkungen auf die menschliche Gesundheit
	Verwendung von Baustoffen, die ein behagliches Raumklima schaffen in Bezug auf Feuchte, Oberflächentemperatur, Schadgase, Geruch etc.
Selbstregulierung der Energie- und Stoffkreisläufe, in deren Folge sich ein dynamisches Gleichgewicht einstellt	Einsatz lokaler Energieträger (Hackschnitzelheizung, Biogasanlage usw.)
	Energieeinsparung bei der Herstellung und während der Nutzung
	Einrichtung von Recyclingbörsen
Offene Systeme (Aufnahme von Sonnenenergie, Energieabgabe durch natürliche Stoffumwandlungen)	Einsatz von Sonnenenergie- und Windenergiesystemen
	Biogasanlagen
	Rückführung organischer Stoffe in äquivalenter Form (Schilfkläranlagen, natürliche Wasserreinigung)

Eines der ökologischen Prinzipien das im Bauwesen – und im besonderen bei den Baustoffen wegen ihrer großen Massen bzw. Volumina – von größter Bedeutung ist, ist die Steuerung der Stoff- und Energieflüsse. Dadurch kann einerseits eine optimale, d.h. minimale Beanspruchung von Ressourcen erreicht werden, andererseits kann der Anteil humantoxischer bzw. ökotoxischer Stoffe, der an die Umwelt abgegeben wird, reduziert werden. Zur

Beurteilung des ökologischen Verhaltens werden dazu die Lebenswege der Baustoffe und die dabei zu beachtenden Parameter (Stoffe, Energie, Raum) im Rahmen einer Ökobilanz in Form von Input-Output-Analysen untersucht. Anschließend können die Auswirkungen auf die Umwelt der einzelnen Lebensabschnitte untersucht werden. Der Lebensweg eines Bauwerkes oder Baustoffes, die hier als Bauprodukte bezeichnet werden, kann in die in Abbildung 2-2 dargestellten Phasen zerlegt werden.

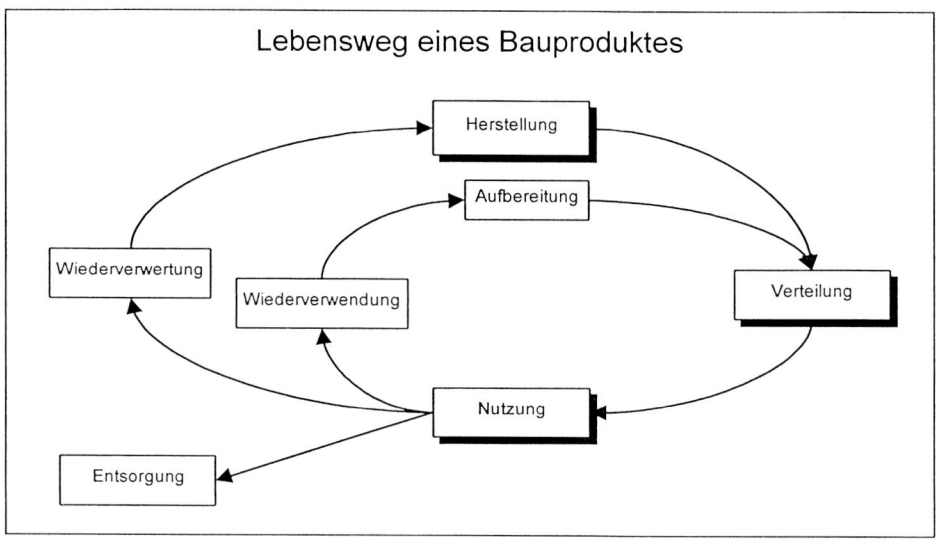

Abbildung 2-2 Lebenszyklus eines Bauproduktes

Die Konsequenz für die praktische Umsetzung der Prinzipien von Ökosystemen im Bauwesen unter besonderer Berücksichtigung der Lebenszyklen der Materialien bzw. des Bauwerkes, ist ein Gebäudekonzept, welches die oben genannten Zusammenhänge beinhaltet. Unter dem Begriff „ökologisch Bauen" ist die Umsetzung derartiger Gebäudekonzeptionen zu verstehen.

2.3 Nachhaltige Bewirtschaftung

Nachhaltigkeit, nachhaltige Entwicklung oder im Englischen 'sustainability', 'sustainable development' sind Begriffe die im Zuge der ökologischen Bewegung etwa seit den 70er Jahren verwendet werden. Man versucht mit diesem Begriff einen Zusammenhang zwischen ökologischen und ökonomischen Interessen herzustellen /24/.

Nachhaltige Bewirtschaftung – Nachhaltigkeit – ist ursprünglich ein Begriff aus der Forstwirtschaft, der z.B. besagt, daß pro Jahr nur soviel Holz eingeschlagen wird, wie der jährliche Zuwachs beträgt. In diesem Fall würde es sich um eine Art Vorratsnachhaltigkeit handeln. Es gibt aber auch noch andere Formen der nachhaltigen Waldbewirtschaftung, so z.B. Nachhaltigkeit der Holzerzeugung, der Gelderträge, der Erholungsleistung etc. Nachhaltigkeit im Rahmen ökologischer Überlegungen beinhaltet daher sowohl die Erhaltung eines gewünschten ökologischen und ökonomischen Zustandes als auch eine damit verbundene wirtschaftliche Leistung. Nachhaltigkeit in der Bauwirtschaft kann z.B. folgende Gebiete umfassen: Rohstoffe, Energieverfügbarkeit, Produktangebot, Wohn-, Betriebs-, Freizeit- und Naturflächen, Boden-, Luft-, Wasserqualität; aber auch die Nachhaltigkeit d.h. Verfügbarkeit des Arbeitsplatzangebotes in der Bauwirtschaft, der Infrastruktur etc. können damit gemeint sein. Bezeichnend in diesem Zusammenhang ist, daß sich der Begriff der Nachhaltigkeit immer auf ein konkretes (wirtschaftliches oder ökologisches) Ziel beziehen muß, damit eine Aussage getroffen werden kann.

Eine nachhaltige Bewirtschaftung im Sinne eines Bauproduktes, das kann ein Baustoff, ein Bauteil aber auch ein Gebäude oder eine Siedlung sein, umfaßt daher immer die Aufrechterhaltung eines Bestandes (z.B. Rohstoffe, Wasserqualität, Bodenfläche) und das konstante Angebot des Produktes und der damit verbundenen Leistungen. Man kann eine nachhaltige Bewirtschaftung in ihrer Gesamtheit auch als die Übereinstimmung eines ökologischen und eines ökonomischen Zustandes bzw. der daraus hervorgebrachten Leistungen definieren.

3 DIE NATUR UND IHRE KREISLÄUFE

Bauen stellt immer einen Eingriff in die Natur dar. Im Sinne des ökologischen Bauens bzw. nachhaltigen Wirtschaftens ist daher die Art des Eingriffes in die Natur und ihre Gesetzmäßigkeiten zu untersuchen. Im wesentlichen handelt es sich um die Fragen: was versteht man unter Natur, wie funktionieren die Abläufe in der Natur – die evtl. gestört werden – und wie können die Wirkungen beschrieben werden.

3.1 Natur – Luft, Wasser, Boden, Biosphäre

Die Natur kann in vier Bereiche gegliedert werden:

- Luft (Atmosphäre)
- Wasser (Hydrosphäre)
- Boden (Pedosphäre – Bodenschichten, Lithosphäre – Gesteinsschichten)
- Lebewesen – Pflanzen, Tierwelt, Menschen (Biosphäre).

Unter *Umweltbelastung* versteht man die Beeinflussung oder Veränderung der natürlichen Umwelt (Luft, Wasser, Boden, Pflanzen- und Tierwelt) durch physikalische, chemische oder biologische Eingriffe. Dazu zählen z.B. Stoffentnahmen, Flächenversiegelung, Aufstauungen, Schadstoffemissionen, Energieabgabe, Lärmemissionen, Verbreitung fremder Lebewesen, Tourismus, usw.. Im wesentlichen sind bei Umweltbelastungen die Stoff- und Energieströme und der Flächenverbrauch zu untersuchen. Die Energie fließt in der Natur immer in der Richtung von Produzenten (Sonne) zu den Konsumenten (Pflanzen, Tiere) und weiter zu den Destruenten (Bakterien, Pilze). Im Gegensatz dazu sind Stoffströme Kreislaufsysteme, über welche die Lebewesen mit ihrer Umwelt in Beziehung stehen.

3.2 Kreislaufsysteme in der Natur

In der Natur treten Belastungen im Bereich der Stoffströme dort auf, wo das Zusammenwirken der Umweltbereiche durch den Menschen verändert bzw. signifikant gestört wird. Dieses Zusammenwirken läßt sich durch verschiedene Kreislaufsysteme wie z.B. Nahrungsketten, Sauerstoff-, Kohlenstoff-, Stickstoff-, Phosphorkreislauf, aber auch Schwefelkreislauf und Calciumkreislauf beschreiben.

In der *Nahrungskette* der Natur werden in einem Kreisprozeß anorganische Stoffe zu organischen und wieder zurück in anorganische Stoffe verwandelt (Abbildung 3-1). Anorganische Stoffe werden in den Kreisläufen (Sauerstoff-, Stickstoff-, Kohlenstoffkreislauf usw.) durch die Pflanzen direkt aufgenommen. Tiere und Menschen nehmen anorganische Stoffe im weiteren vor allem über die Nahrung auf, um damit den erforderlichen Stoff- und Energiebedarf des Körpers abzudecken.

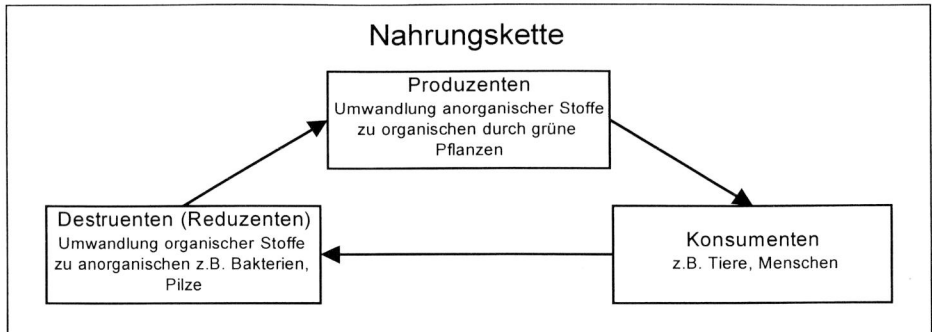

Abbildung 3-1 Nahrungskette als Kreislaufprozeß

Der *Kohlen- und Sauerstoffkreislauf* läßt sich im Kreislauf der Kohlehydrate zusammenfassen (Abbildung 3-2). Der Kohlenstoffkreislauf in der Natur ist vor allem vom CO_2 bestimmt. Beim biochemischen CO_2 - Kreislauf[1], der mit dem Sauerstoffkreislauf verbunden ist, werden bei der Photosynthese CO_2 und H_2O mit Hilfe von Sonnenenergie zunächst in Kohlehydrate wie Zucker bzw. Stärke und Sauerstoff umgewandelt ($6CO_2 + H_2O$ –Lichtenergie→ $C_6H_{12}O_6$ + $6O_2$). Aus den Kohlehydraten wird im weiteren Biomasse aufgebaut (*Schneider* /6/).

Sauerstoff ist in der Natur bei vielen Prozessen wie z. B. der Atmung, Verwitterung, Verwesung und Verbrennung erforderlich. Sauerstoff entsteht bei der Assimilation (Photosynthese). Darunter versteht man die Umwandlung von Kohlendioxid, Wasser und Sonnenenergie zu Kohlehydraten unter Sauerstoffabgabe in den grüner Pflanzen. Bei der Dissimilation werden Kohlehydrate unter Sauerstoffaufnahme durch die Atmung (Energiefreisetzung) der Organismen abgebaut. Assimilation und Dissimilation bilden somit ebenfalls einen Kreisprozeß.

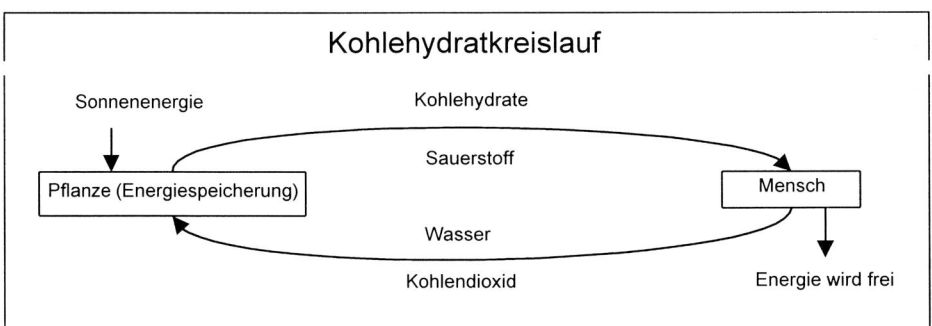

Abbildung 3-2 Kreislauf der Kohlehydrate

---

[1] Beim geochemischen Kreislauf des Kohlendioxids findet ein Austausch zwischen Sedimentgesteinen, der Atmosphäre, Biosphäre und der Hydrosphäre statt (*Heinrich, Hergt* /4/).

Stickstoff – z. B. Aminosäuren (NH$_2$) – ist in Form von Eiweiß (Proteine) ebenfalls in vielen pflanzlichen und tierischen Stoffen gebunden und wesentlicher Stoff eines Kreislaufsystems. Lebewesen nehmen Stickstoff i.a. nur in Form von Nitrat (NO$_3$) auf. Stickstoff ist auch ein Grundstrukturbestandteil der Nukleinsäuren (Ribonukleinsäure – RNA und Desoxyribonukleinsäure – DNA), den Trägern der Erbsubstanzen.

Phosphor ist im mineralischen Kreislauf meist als Phosphat zu finden. Phosphate spielen eine wesentliche Rolle beim Energiehaushalt und den Wachstumsprozessen von Ökosystemen. Tiere und Menschen enthalten ca. 80 % Calciumphosphat in den Knochen, wobei die Phosphorverbindungen als Trägersubstanzen zur Speicherung von Energie im Körper dienen.

3.3 Umweltwirkungen

Als Umweltwirkungen werden Veränderungen in der Natur verstanden, die in Folge von Eingriffen des Menschen bei ökologischen Abläufen entstehen. Nach *Fischer-Kowalsky/Haberl/Payer* (vgl. /17/) läßt sich die Vielfalt der Vorstellungen, unter welchem Aspekt die Umweltauswirkungen zu betrachten sind, in vier grundlegende Modelle zusammenfassen. Dabei liegt jedem dieser vier Modelle eine ganz spezifische Sichtweise zugrunde, und jedes einzelne ist geeignet, wichtige Aspekte dessen, was „umweltschädlich" heißen mag, abzubilden.

- *Schadstoffmodell:* Dieses sehr verbreitete Denkmodell für Umweltprobleme konzentriert sich auf die Frage der Ökotoxizität von Substanzen. Die Giftigkeit der in Produkten enthaltenen und aus diesen emittierten Stoffe ist das zentrale Kriterium für Umweltschädlichkeit bzw. Umweltverträglichkeit. Verwendet wir dieser Ansatz u.a. von Bauökologen, Chemikern und Medizinern.

- *Modell des natürlichen Gleichgewichts:* Mittelpunkt dieses Denkmodells sind natürliche Systeme und deren Funktionsweisen. Die Umweltschädlichkeit menschlicher Aktivitäten ergibt sich aus dem Ausmaß der Störung des Gleichgewichts in solchen natürlichen Systemen. Verwendet wird dieses Modell u.a. von Biologen, Klimatologen, Agrarwissenschaftlern, Forstwissenschaftlern und Naturschutz-Organisationen.

- *Entropiemodell:* Dieser Ansatz baut auf den Erkenntnissen der theoretischen Physik, insbesondere auf dem Gebiet der Thermodynamik auf, und stellt eine Beziehung zwischen Natur- und Wirtschaftswissenschaften her. Der Verbrauch und die Entwertung von Energie und Materie im Wirtschaftsprozeß stellen nach dem Entropiemodell die bedeutendste Umweltschädigung dar. Verwendet wird dieses Modell z.B. von Physikern und Umweltökonomen für die Bewertung globaler Umweltwirkungen.

- *Konvivialitätsmodell:* Dieses Modell stellt die Natur in den Mittelpunkt der Betrachtung, der Mensch ist darin nur ein gleichberechtigter Partner. Das Ziel ist die Einschränkung des Ausmaßes, in dem die Menschen auf Kosten anderer Lebewesen leben. Die Umweltschädlichkeit wird an der Beeinträchtigung der Lebensbedingungen anderer Lebewesen gemessen. Vertreter dieser Sichtweise sind u.a. Philosophen, Ethiker und Naturschützer.

Die umweltpolitischen Handlungsmöglichkeiten sind je nach Modell sehr verschieden, und die Sinnhaftigkeit einzelner Maßnahmen auf dem Gebiet des Umweltschutzes wird nach dem jeweils bevorzugtem Modell ganz unterschiedlich bewertet.

Zur Beurteilung der Umweltwirkungen durch Bauprodukte können Umweltwirkungs-kategorien definiert werden (Tabelle 3-1), die negative Umweltauswirkungen durch ein charakteristisches Phänomen (z.B. Treibhauseffekt) beschreiben. Für einige dieser Wirkungskategorien können nach *Heijungs et al.* (in /2/) Leitsubstanzen festgelegt werden, deren Auswirkungen in der Natur charakteristisch für die jeweilige Umweltwirkungskategorie sind. Andere Stoffe werden dann im Verhältnis zu diesen Leitsubstanzen gewichtet. Die Zahl der Wirkungskategorien ist vom aktuellen Wissenstand über das Zusammenwirken in der Natur abhängig.

Tabelle 3-1 Umweltwirkungskategorien (*Neitzel* /3/, *Weibel u.a.* /2/)

Umweltwirkungskategorien	Leitsubstanzen
Menschliche Gesundheit (Human Health) und Wohlbefinden	
Humantoxizität (Human Toxicolicy, Classification Factors for Air, Water Soil, HCA, HCW, HCS)	kg Körpergewicht kritisch belastet während eines Tages
Gesundheitsgefährdung am Arbeitsplatz	
Bildung von Photooxidantien (Photochemical Ozone Creation Potential POCP)	kg Ethylen Äquivalent
Funktionsfähigkeit der Ökosysteme (Ecological Health)	
Ökotoxizität (Aquatic Ecotoxicity ECA)	m^3 Wasser
Treibhauseffekt (Global Warming Potential, GWP 100)	kg CO_2 Äquivalent
Ozonabbau (Ozone Depletion Potentials)	kg Trichlorflourmethan (FCKW 11) Äquivalent
Versauerung der Gewässer und Böden (Acidification Potential AP)	kg SO_2 Äquivalent
Eutrophierung der Gewässer (Nutrification Potential NP)	kg PO_4^{3-} Äquivalent
Abfall	kg/kg Fertigprodukt bzw. Eluatsklasse
Abwärme und Strahlung	MJ, kWh (1kWh = 3,6 MJ)
Belastungen (Lärm, Geruch)	Geruchsschwellenwerte, Schallemissionen
Ressourcen (Resources)	
Inanspruchnahme der Ressourcen	abiotisch endlich, abiotisch regenerierbar, biotisch endlich, biotisch regenerierbar
Flächenbedarf	Hemerobiestufen: ahemerob, ologohemerob, mesohemerob, β- euhemerob, α-euhemerob, polyhemerob, metahemerob
Beeinträchtigung der Naturschönheit und der Artenvielfalt (Naturschutz)	verbale Darstellung

Die Bildung von *Photooxidantien* erfolgt in den untersten Schichten der Troposphäre (= unterste, bis zu einer Höhe von 12 km reichende wetterwirksame Luftschicht der Erde) durch die Emission von flüchtigen organischen Kohlenwasserstoffen und von NO_x bei gleichzeitiger Einwirkung von Sonneneinstrahlung (photochemischer Smog).

Unter dem *Treibhauseffekt* versteht man die Erscheinung, daß in einem Glashaus die Temperatur bei Sonneneinstrahlung höher wird als die Außentemperatur. Dieser Effekt wird durch die unterschiedliche Durchlässigkeit des Glases für verschiedene Wellenlängen hervorgerufen. Glas läßt eindringende Strahlung (sichtbares Licht) durch, behindert aber die austretende Strahlung (langwellige Infrarotstrahlung), wodurch sich eine Erwärmung im Glashaus ergibt. Die Erdatmosphäre verursacht eine ähnliche Wirkung für die Erdoberfläche. Kohlendioxid und Wasserdampf absorbieren die Infrarotstrahlung und verhindern dadurch die langwellige Abstrahlung (rasche Temperaturabnahme) in der Nacht.

Ozon ist ein hochgiftiges Gas, das jedoch in der Stratosphäre (20 bis 30 km Höhe) – wo es laufend durch die Sonneneinstrahlung gebildet wird – eine wichtige Funktion für den Strahlungshaushalt der Erde besitzt. Es absorbiert die kurzwellige ultraviolette Strahlung der Sonne und setzt sie in Wärme um, und schützt damit gleichzeitig den Lebensraum vor zuviel kurzwelliger Strahlung (UV-B-Strahlung verursacht z.B. Hautkrebs beim Menschen).

Bodenversauerung entsteht durch natürliche und anthropogene Säureeinträge, wenn sich durch den Säureeintrag die puffernden Substanzen des Bodens verbrauchen. Die Bodenversauerung ist im humiden Klima ein natürlicher Prozeß der Bodenbildung, der jedoch durch erhöhte Säureeinträge (Streunutzung der Wälder, Ernteentzug, etc.) stark gefördert wird und z.B. zur Verschlechterung der Waldböden führt.

Als Gewässerversauerung bezeichnet man die pH-Wert-Senkung, vor allem in stehenden Gewässern, die aufgrund von saurem Regen besonders in Gebieten mit Böden und Gewässer mit niedriger Pufferkapazität auftritt.

Unter *Eutrophierung* versteht man die unerwünschte Zunahme an Nährstoffen und das damit verbundene erhöhte Pflanzen- und Algenwachstum. In der Folge ergibt sich eine Plankton- und Tiervermehrung, die auch nach dem Absterben durch aeroben mikrobiellen Abbau vermehrt Sauerstoff verbrauchen. Damit steigt der Sauerstoffverbrauch stärker als er nachgebildet werden kann. Daraus folgt ein Massensterben und ein Wechsel vom aeroben zum anaeroben Zustand im Wasser = „Umkippen".

Hemerobiestufen werden in der Landschaftsplanung verwendet und beschreiben den menschlichen Einfluß auf eine Fläche, sie sind also ein Maß für die Natürlichkeit der Landschaft.

4 SCHADSTOFFE

Unter Schadstoffen versteht man in der Natur i.a. Stoffe oder Stoffgemische, die bei ihrer Aufnahme durch Menschen, Tiere oder Pflanzen, oder bei ihrem Eintrag in ein Ökosystem negativ verändernde Wirkungen hervorrufen. Entsprechend den Bereichen der Umwelt können Belastungen in Luftschadstoffe, Schadstoffe des Wassers, Bodenbelastungen und Schadwirkungen in der Biosphäre eingeteilt werden. Darüber hinaus gibt es Schadstoffe, die in allen Bereichen vorkommen (Ubiquisten) (Abbildung 4-1).

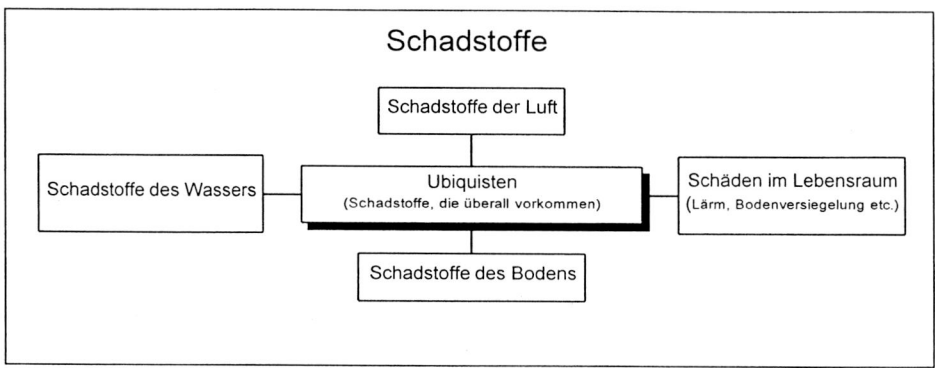

Abbildung 4-1 Einteilung der Schadstoffe, welche die Umwelt belasten

Zur Beurteilung der Schadstoffe ist eine Abschätzung und Bewertung des Risikopotentials erforderlich. Das führt zur Festlegung von Grenzwerten für freigesetzte Schadstoffe, da eine völlige Vermeidung in vielen Fällen nicht möglich ist. Zu beachten ist, daß jede Festlegung von Grenzwerten vom subjektiven Wissen der Menschen abhängig ist, die die Grenzwerte festlegen. In vielen Fällen wird die toxikologische Wirkung allein von den Immissionen eines Schadstoffes beurteilt, was aber bedenklich erscheint, da dabei Synergieeffekte nicht berücksichtigt werden. Zur Beurteilung der Schadwirkungen von Schadstoffen werden derzeit u.a. die in Tabelle 4-1 angegebenen Grenzwerte verwendet.

Tabelle 4-1 Beispiele von verwendeten Grenzwerten

Abkürzung	Bezeichnung	Anmerkung
MAK	maximale Arbeitsplatzkonzentration	Grenzkonzentration bei Einwirkzeit von 8 Std. täglich und max. 45 Std. wöchentlich, Dimension: mg/m^3, cm^3/m^3, ppm
MEK	maximale Emissionskonzentration	Abgabekonzentration eines Stoffes einer technischen Anlage an die Luft, Dimension: mg/m^3, cm^3/m^3, ppm
MIK	maximale Immissionskonzentration	Grenzkonzentration in der Luft am Einwirkungsort, Dimension: mg/m^3, cm^3/m^3, ppm
TRK	technische Richtkonzentration	z.B. für krebserregende Stoffe die vermieden werden sollten und daher keine MAK-Werte angegeben werden, Dimension: mg/m^3, cm^3/m^3, ppm

4.1 Luft-, Boden-, Wasserschadstoffe, Ubiquisten

Im Rahmen dieser Darstellung wird – wegen der großen Anzahl – speziell nur auf solche Schadstoffe eingegangen, die mit dem Bauwesen im Zusammenhang stehen. Dazu zählen Schadstoffe in den Bereichen: Herstellung, Transport, Verarbeitung, Nutzung und Entsorgung der Baustoffe.

4.1.1 Luftschadstoffe

Luftschadstoffe können in Form von Stäuben, Aerosolen, oder als Gase auftreten, und damit die Umwelt und die Lebensbedingungen des Menschen beeinflussen.

Stäube und Aerosole

Unter *Staub* versteht man nach *Fellenberg* (S.16 /1/) sedimentierbare Partikel von Feststoffen mit einem Durchmesser > 1 μm. Stäube bestehen u.a. aus mineralischen (auch Schwermetall) Bestandteilen, aber auch organische Anteile (Pollen etc.) sind darin zu finden.

Aerosol (Nebel, Rauch) ist eine allgemeine Bezeichnung für kolloide Systeme aus Gasen (Luft) mit darin verteilten, kleinen, festen oder flüssigen Teilchen mit einer Partikelgröße zwischen 0,1 und 0,001 μm (Schwebstoffen).

Partikel (Staub, Fasern) mit d < 5 μm sind lungengängig, d.h. sie können zu den kleinsten Lungenwegen vordringen und dort Lungenerkrankungen bewirken. Die Gesundheitsgefährdung hängt u.a. von der Größe und dem Durchmesser der Faser, von der chemischen Zusammensetzung und der Verweildauer in der Lunge ab. Weiters können Stäube und Aerosole allergische Reaktionen beim Menschen hervorrufen, den Strahlungshaushalt der Erde und die Wärmebilanz durch Streuung, Reflexion und Absorption verändern.

Gase

Bei der Ausbreitung (Transmission) von gasförmigen Stoffen, die u.a. von der Gastemperatur, Verweilzeit, Wetterlage, Staubpartikelgröße, Wasserlöslichkeit und Reaktionsfähigkeit der Gase abhängig ist, wird folgendermaßen unterschieden bzw. charakterisiert:

- Als *Emissionen* werden Substanzen beim Ausströmen (z.B. beim Schlot) bezeichnet. Die Charakterisierung erfolgt u.a. über Art, Menge (mg/m^3), Menge pro Zeiteinheit ($g/m^3 \cdot d$), Temperatur, Ausströmgeschwindigkeit.
- Als *Immissionen* werden Stoffe am Ort der Einwirkung bezeichnet. Die Charakterisierung erfolgt über Art, Menge (g/m^3), Menge pro Zeiteinheit ($g/m^3 \cdot d$), Temperatur.

In Tabelle 4-2 sind einige Gase und die daraus eventuell resultierenden Umweltschäden zusammengestellt.

Tabelle 4-2 Wichtige umweltschädigende Gase im Zusammenhang mit dem Bauwesen /4,5,6,7/

Bezeichnung	Entstehung / Anwendung	Gesundheitliche bzw. ökologische Auswirkungen
Kohlenmonoxid (CO)	unvollständige Verbrennung	Sehstörungen, Kopfschmerzen, Mattigkeit bis zu Lähmungserscheinungen
Kohlendioxid (CO_2)	Verbrennungsprozesse	der Menge nach bedeutendstes Treibhausgas
Schwefeldioxid (SO_2)	Verbrennung von Kohle und Erdöl und anderen Stoffen der chemischen Industrie	erhöht den Säuregehalt der Luft → saurer Regen, neben Ozon und den Stickoxiden eine der Ursachen der Blatt- und Nadelschädigungen, Reizung der Schleimhäute, Bildung von Nekrosen (örtliches Absterben der das Gewebe bildende organismischen Strukturen (meist Zellen) durch Sauerstoffmangel)
Stickoxide (NO_x)	Verbrennungsprozesse, vor allem beim Kraftfahrzeugverkehr	Bildung von photochemischem Smog, erhöhen den Säuregehalt der Luft → saurer Regen, Reizung der Schleimhäute, neben dem Ozon und Schwefeldioxid auch eine der Ursachen von Pflanzenschädigungen
Fluorchlorkohlen-wasserstoffe (FCKW)	Verwendung zur Schäumung von Dämmstoffen, Treibgas in Spraydosen, Kältemittel	schädigen die Ozonschicht durch Ozonabbau (Fluor ist radikaler als Sauerstoff und löst daher ein Sauerstoffatom aus dem Ozonmolekül), tragen zum Treibhauseffekt bei

4.1.2 Wasserschadstoffe

Oberflächenwässer und das Grundwasser werden vor allem durch das Einleiten von ungenügend gereinigten Abwässern verunreinigt. Die Abwässer stammen einerseits aus industriellen Betrieben, andererseits aus dem kommunalen Bereich und sind anorganischer oder organischer Natur. Tabelle 4-3 gibt einen Überblick über wichtige Wasserschadstoffe.

Den Wasserschadstoffen ist gemein, daß sie die Gewässer i.a. durch Sauerstoffzehrung belasten, bzw. die im Wasser lebenden Tiere und Pflanzen aufgrund der biologischen Toxizität oder durch Anreicherung (z.B. durch Belegung der Kiemen bei Fischen) belasten.

Tabelle 4-3 Überblick über wichtige Wasserschadstoffe /4,5,6,7/

Bezeichnung	Entstehung / Anwendung	Gesundheitliche bzw. ökologische Auswirkungen
Ionen aus Tausalzen (NaCl)	Tausalz	ist in weiten Konzentrationsbereichen für viele Lebewesen untoxisch, kann aber bei stark belasteten Gewässern für Lebewesen im Süßwasser schädlich wirken
Schwermetalle	Metalle mit > 4,5 g/cm^3, z.B. Chrom, Eisen etc., Verwendung z.B. zur Kunststoffherstellung, Metallveredelung	Schwermetalle können nur bedingt abgebaut werden und reichern sich in der Nahrungskette an, die Wirkungsweise ist vom jeweiligen Schwermetall und der Konzentration abhängig; z.B. toxisch, verursacht Hautekzeme etc.
Säuren	z.B. Dünnsäuren – bei der Herstellung organischer Substanzen	führen zu Säureschäden bei Fischen und Planktonlebewesen

Fortsetzung Tabelle 4-3

Bezeichnung	Entstehung / Anwendung	Gesundheitliche bzw. ökologische Auswirkungen
Mikrobiell abbaubare Stoffe		das Verhalten biologisch abbaubarer Stoffe wird vom Sauerstoffgehalt des Wassers bestimmt – bei genügend Sauerstoff werden aerobe Mikroorganismen, die organische Stoffe veratmen aktiv, wobei CO_2, H_2O, Nitrate, Phosphate und Sulfate entstehen; Eutrophierung
Harnstoffe und Ammoniakbildung im Wasser	Wässer aus der Herstellung von Harnstoff-Formaldehyd-harzen und als Zwischen-produkt der Melamin-herstellung, Belastung durch Urin und Jauche,	z.B. bei erhöhter Jauchenbelastung → Ammoniumentwicklung im Wasser → bewirkt Fischsterben
Erdöl(produkte)	durch Versickern von Altöl	Zerstörung von Wasserreserven
Phenole	Phenol für Phenol-Formaldehydharze und im weiteren für Kunstharze	bewirkt Schleimhautreizungen, Leber- und Nierenschäden, erbgutschädigend
Ligninsulfonsäure	Ligninsulfonsäure entsteht bei der Behandlung von Holz zur Abtrennung von Zellulose	verändert den Geruch, Farbe und Geschmack des Wassers
Tenside	grenzflächenaktive Stoffe (führen zu einer Verringerung der Oberflächenspannung und sind schaumbildend)	wirken fischtoxisch, werden vielfach schon durch vollständig abbaubare Tenside biogenen Ursprungs ersetzt

4.1.3 Bodenbelastungen

Bodenbelastungen erfolgen bei Industrie, Gewerbe oder im privaten Bereich durch Stoffe, die in den Boden eingetragen werden und die Bodenfunktion behindern bzw. ausschalten. Belastungen erfolgen aber auch durch Bodenverdichtung und Bodenveränderungen durch verschiedene Nutzungsformen. Zu den Bodenschadstoffen zählen u.a. anthropogene Schadstoffeinträge, die in Tabelle 4-4 zusammengestellt sind.

Tabelle 4-4 Bodenschadstoffe /4,5,6,7/

Bezeichnung	Entstehung / Anwendung	Gesundheitliche bzw. ökologische Auswirkungen
Säureeinträge	Saurer Regen	Belastung der Pufferkapazität des Bodens bewirkt die Auswaschung von Ionen, die für die Pflanzenernährung notwendig sind, und geringere Bodenfruchtbarkeit nach sich ziehen
Schwermetalle	(Metalle mit > 4,5 g/cm³, z.B. Chrom, Eisen etc., Kunststoffherstellung, Metallveredelung	Schwermetalle sind nur bedingt abbaubar und reichern sich in der Nahrungskette an, die Wirkungsweise ist vom jeweiligen Schwermetall und der Konzentration abhängig; z.B. toxisch, verursacht Hautekzeme etc.

Fortsetzung Tabelle 4-4

Bezeichnung	Entstehung / Anwendung	Gesundheitliche bzw. ökologische Auswirkungen
Pestizide	organische Pflanzenschutzmittel	in Abhängigkeit ihrer chemischen Gruppe rufen sie Schäden hervor, z.B. DDT oder Lindan sind stark toxische Chlorkohlenwasserstoffe
Klärschlamm	Entstehung in Kläranlagen	Klärschlamm ist häufig mit Schwermetallverbindungen angereichert und kann dadurch schädigend wirken
Tausalz	Bodenversalzung besonders in der Nähe der Straßenränder	pH-Werte zwischen 7 und 9 – bewirkt alkalische Reaktionen, wodurch eine Reihe wichtiger Pflanzennährstoffe ausfallen kann

4.1.4 Allgemein verbreitete Substanzen – Ubiquisten

Eine große Anzahl der vom Menschen in die Umwelt eingebrachten Stoffe sind in allen Umweltbereichen anzutreffen (ubiquitär = allgegenwärtig) (Tabelle 4-5 bis Tabelle 4-7).

Tabelle 4-5 Kohlenwasserstoffe /4,5,6,7/

Bezeichnung	Entstehung / Anwendung	Gesundheitliche bzw. ökologische Auswirkungen
aliphatische Kohlenwasserstoffe	beim Cracken von Erdöl, Lösungsmittel (z.B. Ethylen zur Herstellung von Styrol)	bewirkt Müdigkeit, Kopfschmerzen, in höherer Konzentration narkotisch
aromatische Kohlenwasserstoffe (Benzol)	beim Cracken von Erdöl, Lösungsmittel für Harze, Fette und Öle (Benzol zur Herstellung von Styrol)	schleimhautreizend, Übelkeit, chron. Wirkung (Knochenmarksschäden, krebserregende Wirkung
Polycyclische aromatische Kohlenwasserstoffe (PAK)	PAK sind kondensierte aromatische Kohlenwasserstoffe, sie entstehen u.a. bei der Verbrennung	besitzen krebserregende Wirkung

Tabelle 4-6 Schwermetalle /4,5,6,7/

Bezeichnung	Entstehung / Anwendung	Gesundheitliche bzw. ökologische Auswirkungen
Cadmium	Hauptemissionsquellen sind Eisen- und Stahlindustrie, Feuerungsanlagen und die Zemente-, Keramik- und Glasproduktion, die Nicht-Eisenmetallindustrie und die Abfallverbrennung	Cadmium ist für Menschen und Tiere stark toxisch

Tabelle 4-7 Halogenkohlenwasserstoffe /4,5,6,7/

Bezeichnung	Entstehung / Anwendung	Gesundheitliche bzw. ökologische Auswirkungen
Hexachlorcyclo-hexan (HCH)	Pestizide vom Typ Lindan	Kontaktgift, beeinträchtigt das Nervensystem, Akkumulation in der Nahrungskette

Fortsetzung Tabelle 4-7

Bezeichnung	Entstehung / Anwendung	Gesundheitliche bzw. ökologische Auswirkungen
Chlorierte Kohlenwasserstoffe (Untergruppe der chlororganischen Verbindungen und der Halogenkohlenwasser-stoffe)	Verbindungen die aus den Kohlenwasserstoffen entstehen, wenn ein oder mehrere Wasserstoffatome durch Chlor ersetzt werden. Dichlormethan (Abbeizmittel, lösemittelhaltige Klebstoffe und Bitumenlösemittel), Trichlormethan (Abbeizmittel), Tetrachlormethan (Lösemittel für Abbeizmittel und Kleber, zum entfetten von Metallen und Glas), 1,2-Dichlorethan (Ausgangsprodukt zur Herstellung von Vinylchlorid), Trichlorethylen (Lösemittel für Lacke, Klebstoffe, Abbeizmittel), Tetrachlorethylen (unter der Bezeichnung Per in der chemischen Reinigung) und Chlorparaphine (Weichmacher bzw. Bindemittel, Beschichtungen und Lacke, Weichmacher in Kunststoffen, Additiv in Dichtmassen)	Hautreizungen, Lebergift
Polychlorierte Biphenyle (PCB)	Verwendung als Weichmacher in Kunststoffen, Flammschutzmitteln, Schalölen, Isolierflüssigkeiten, im Klärschlamm,	bewirken Vergiftungen Schädigungen des Nerven- und Immunsystems und z.B. Chlorakne
Dioxin	Sammelbegriff für polychlorierte Verbindungen die sich vom Dibenzo-p-dioxin ableiten und denen auch die polychlorierten Abkömmlinge der Dibenzofurane zugeordnet werden; Dioxine treten als Nebenprodukte der aromatischen Chlorchemie auf und fanden u.a. Verwendung in Weichmachern, Flammschutzmitteln und verschiedenen Holzschutzmitteln	ca. 12 Dioxine und Dibenzofurane gelten als Ultragifte
Pentachlorphenole (PCP)	Verwendung finden Pentachlorphenole als Fungizid, Insektizid und Bakterizid beim Holzschutz, wo es ausgasen kann und vom Menschen über die Atemluft im Körper gespeichert wird	wirkt stark toxisch, krebserregend
Phthalate	Weichmacher in Kunststoffen, Anstrichstoffen, Klebern	Verdacht auf krebserregende Wirkung
Aldehyd	Formaldehyd wird z.B. als Bindemittelkomponente in Holzwerkstoffen, Mineralwolledämmstoffen, Klebern verwendet	bewirkt u.a. Augen- und Schleimhautreizungen, allergische Reaktionen, Atembeschwerden
Ketone	Verwendung als Lösemittel in Anstrichstoffen und Klebestoffen z.B. Aceton bei Nitrolacken	Aufnahme über die Haut, Nahrung oder die Atmung, Reizungen der Atem- und Verdauungswege, Leber, Nierenschäden etc.

4.1.5 Belastungen der Biosphäre

Alle in der Umwelt lebenden Organismen wie Menschen, Tiere, Pflanzen und Mikroorganismen werden unter dem Begriff Biosphäre zusammengefaßt. Der Lebensraum der Organismen umfaßt neben der Luft auch den Boden und das Wasser. Die verschiedenen Organismen haben sich im Lauf der Entwicklung ihrer Umwelt angepaßt und untereinander abgegrenzte Lebensräume entwickelt, sogenannte Biotope. Einflüsse durch den Menschen, Naturkatastrophen oder Tiere können das in den Biotopen herrschende Gleichgewicht zerstören. Zu den von Menschen verursachten Belastungen der Biosphäre zählen z.B.:

- Rodung von Wäldern
- Kultivierung des Bodens
- Monokulturen der Land- und Forstwirtschaft
- Bodenversiegelungen
- Straßenbau
- Hochbau

- Trockenlegung von Mooren und Sümpfen
- Gewässerregulierung
- Verunreinigung der Gewässer
- Ausrottung von Tierarten
- Lärmemissionen
- Strahlenemissionen.

Zu den jüngsten Belastungen der Biosphäre gehören Belastungen durch ionisierende Strahlen, welche aufgrund ihrer schlechten Kontrollierbarkeit besonders zu beachten sind.

4.2 Radioaktivität und ionisierende Strahlen

4.2.1 Allgemeines

Die Materie ist aus Atomen aufgebaut. Jedes Atom besteht aus einem Atomkern und einer Atomhülle. Der Kern besteht aus Protonen (positiv geladen) und Neutronen (neutralen Teilchen). Die negativ geladene Hülle der Atome besteht aus bewegten Elektronen die Elektronenwolken bilden.

Der Atomkern enthält fast die gesamte Masse des Atoms (99,9%), man definiert daher die Summe der Protonen und Neutronen als Massenzahl eines Atoms. Die Anzahl der Protonen im Kern wird als Kernladungszahl bezeichnet. Alle Atome eines Elementes haben immer die gleiche Anzahl an Protonen, d.h. sie haben die gleiche Kernladungszahl (Massenzahl = Anzahl der Protonen + Neutronen; Kernladungszahl = Ordnungszahl = Anzahl der Protonen = Anzahl der Elektronen).

Unterscheiden sich Atome dadurch, daß sie eine gleiche Kernladungszahl (gleiche Anzahl an Protonen) aber eine unterschiedliche Anzahl an Neutronen besitzen, so nennt man diese Atome Isotope. Isotope unterscheiden sich untereinander nur durch ihre Masse (Massenzahl), aber nicht durch ihre chemischen Eigenschaften (die chemischen Eigenschaften sind nämlich vor allem von der Atomhülle, d.h. vom Elektronenaufbau abhängig).

Atomkerne mit unterschiedlicher Zusammensetzung nennt man Nuklide. Zur Charakterisierung eines Nuklids schreibt man neben dem Elementsymbol links oben die Massenzahl und links unten die Kernladungszahl. Die Kernladungszahl dient auch zur Ordnung im Periodensystem der Elemente, man nennt sie deshalb auch Ordnungszahl. Für die Uranisotope U 238, U 235, und U 234 gilt z.B.:

$$^{238}_{92}U,\ ^{235}_{92}U,\ ^{234}_{92}U \qquad \frac{Massenzahl}{Kernladungszahl}Element$$

Die Eigenschaft mancher Isotope spontan unter Emission von Strahlung und Kernbausteinen zu zerfallen nennt man Radioaktivität; die dabei frei werdenden Strahlung radioaktive Strahlung.

Unter Strahlung allgemein versteht man die räumliche und zeitliche Ausbreitung von Energie oder Teilchen von einer Strahlungsquelle aus. Die Strahlung kann daher entweder in Form von Wellenenergie oder auch als Strom bzw. Fluß von Teilchen beschrieben werden.

Der Zerfall radioaktiver Kerne erfolgt nach einem Wahrscheinlichkeitsgesetz ($n(t) = n_0 \cdot e^{-\lambda t}$)[2]. Zur Charakterisierung radioaktiver Isotope verwendet man die Halbwertszeit ($T_{1/2}$). Darunter versteht man jene Zeit, innerhalb derer die Hälfte der urspünglich vorhandenen Atome (Masse) zerfallen ist ($n(t=\text{Halbwertszeit}) = n_0/2$). Die Halbwertszeit ist eine von äußeren Bedingungen (Druck, Temperatur, etc.) unabhängige Konstante. Sie beträgt z.B. bei:

- Blei 214   26,8 Minuten
- Kalium 42   12,4 Stunden
- Radon 222   3,8 Tage
- Strontium 90   28,5 Jahre

- Caesium 137   33 Jahre
- Radium 226   1620 Jahre
- Plutonium 239   24 100 Jahre
- Thorium 232   14,1 Mrd. Jahre

4.2.2 Arten von Radioaktivität

Viele Atome verändern die Anzahl und das Verhältnis von Protonen zu Neutronen im Kern nicht, sie sind stabil. Einige Atome sind dagegen von Natur aus instabil bzw. aus radioaktiven Abfällen aus Kernreaktionen entstanden. Je nachdem, ob ein radioaktives Isotop in der Natur vorkommt, oder ob es künstlich durch Kernreaktion erzeugt wurde, unterscheidet man natürliche und künstliche Radioaktivität.

Natürliche Radioaktivität findet man bei allen natürlich vorkommenden Stoffen mit einer Ordnungszahl (Ordnungszahl = Zahl der Protonen) größer als 80 sowie auch bei verschiedenen Elementen mit niedrigerer Ordnungszahl, z.B. bei Kalium.

---

[2] Sind zur Zeit $t_0=0$ von dem Stoff n_0 Atome vorhanden, so sind zur Zeit t noch n Atome vorhanden. λ ist die für den betreffenden Stoff charakteristische Zerfallskonstante z.B. λ- Radium = 0,428·10-8 [1/Zeit].

Künstliche Radioaktivität tritt bei den durch Kernreaktionen (z.B. in Atomreaktoren) künstlich erzeugten instabilen Atomkernen auf. Entsprechend der Art der ausgesandten radioaktiven Strahlung unterscheidet man z.B. α-Strahlung, β-Strahlung und γ-Strahlung[3].

- α-*Strahler* emittieren Heliumkerne mit zwei positiven elektrischen Ladungen. Deshalb sind α-Strahlen magnetisch ablenkbar und haben beim Flug durch die Materie eine starke ionisierende Wirkung. α-Strahlung ist sehr energiereich, sie besitzt aber wegen ihrer großen Masse in der Luft nur eine Reichweite von wenigen Zentimetern und kann bereits durch ein Blatt Papier abgehalten werden. Wenn Alphastrahler durch Inhalation oder über die Nahrungskette in den Körper aufgenommen werden, z.B. das gasförmige Radon über die Atemluft, so führt dies trotz der geringen Reichweite zu einer Einwirkung auf die Körperzellen.
  α-Strahler sind z.B. Radium 226, Thorium 232, Plutonium 239 und das radioaktive Gas Radon 222.

- β-*Strahler* emittieren negative Elektronen d.h. die Strahlen haben nur eine geringe Masse und geringen Energiegehalt. β-Strahlen können schon von dünnen Materialschichten (Kleidung) abgefangen werden.
  β-Strahler sind Kalium 40, Caesium 137, Strontium 90.

- Die γ-*Strahler* emittieren kurzwellige elektromagnetische Strahlen, d.h im Isotop bewirken sie weder eine Ladungs- noch Massenänderung, der Atomkern geht von einem angeregten in einen stabileren Zustand niedrigerer Energie über. γ-Strahlen besitzen ein sehr hohes Durchdringungsvermögen und können bei äußerer Einwirkung alle Organe im menschlichen Körper erreichen. γ-Strahlung kann nur durch schwere bzw. dicke Materialschichten z. B. durch Bleiplatten absorbiert werden.

Die Energien der natürlichen α-, β- bzw. γ-Strahlen werden in MeV = 10^6 eV gemessen und liegen häufig in diesem Bereich (vgl. *Brand, Rechenberg* S.10 /9/). Radioaktive Elemente strahlen α- und γ-Teilchen in einer oder einigen diskreten Energiestufen aus, β-Strahlen weisen dagegen eine kontinuierliche Energieverteilung auf.

Beim natürlichen radioaktiven Zerfall senden die schwersten Elemente ohne äußere Ursache α-, β- oder γ-Strahlen aus. Gewöhnlich sind die entstehenden Kerne wieder radioaktiv, sodaß sie sich weiter umwandeln, was zur Entstehung von Zerfallsreihen führt. Am Ende der Zerfallsreihe steht ein stabiler Kern.

Durch den Zusammenhang in den Zerfallsreihen sind die Elemente der Ordnungszahlen über 80 zu „radioaktiven Familien" zusammengeschlossen. Man unterscheidet die Uran-Radiumreihe (Abbildung 4-2), die Uran-Aktiniumreihe und die Thoriumreihe als natürliche Zerfallsreihen.

Durch technische Vorgänge entstandene d.h. künstlich Nuklide, z.B. aus Atomreaktoren sind fast durchwegs β- und γ-Strahler.

---

[3] Neutronenstrahlung oder ähnliches wird im folgenden nicht behandelt.

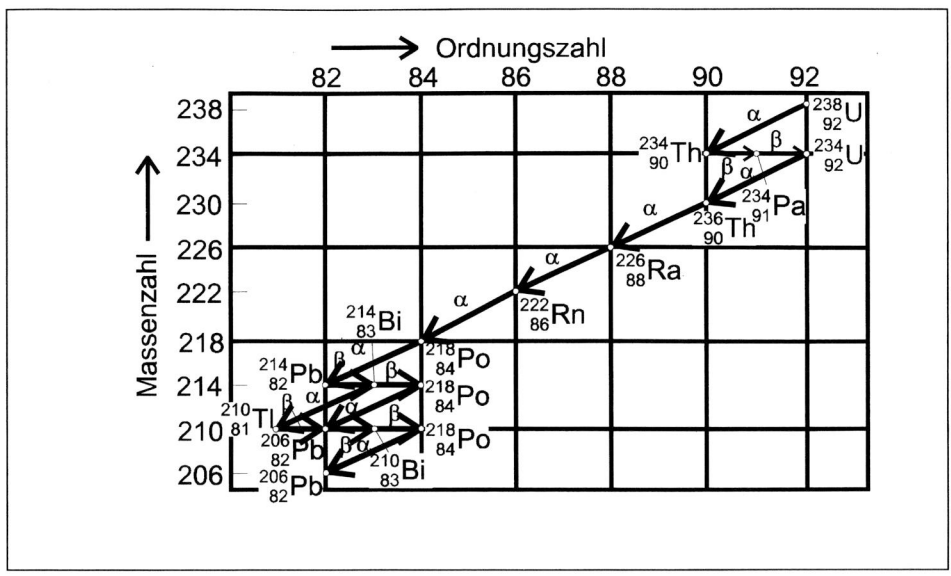

Abbildung 4-2 Uran - Radium - Zerfallsreihe

4.2.3 Kenngrößen zur Beschreibung der Radioaktivität

Aktivität, spezifische Aktivität, Aktivitätskonzentration

Die *Aktivität A* einer radioaktiven Substanz ist die Anzahl der Zerfälle pro Zeit, sie wird in Becquerel (Bq = 1 Zerfallsakt/sec), früher in Curie (1 Ci entspricht $3,7. 10^{-10}$ Bq) gemessen. Die Aktivität ist ein Maß für die Zahl der emittierten Teilchen bzw. für die Zahl der Quanten der Gammastrahlung.

Die *spezifische Aktivität* einer radioaktiven Substanz ist die auf die Masseneinheit bezogene Aktivität, gemessen in Bq/kg.

Die *Aktivitätskonzentration c* ist der Quotient aus der Konzentration eines in einem Material enthaltenen radioaktiven Stoffes und dem Volumen des Materials mit der Einheit: Bq/m^3.

Energiedosis, Äquivalentdosis, Äquivalentdosisleistung

Zur Beschreibung der durch radioaktive Strahlung übertragenen Energie wird der Begriff der *Energiedosis D* verwendet. Die Energiedosis ist die durch ionisierende Strahlung auf das Volumenelement eines Materials übertragene Energie, bezogen auf die Masse dieses Volumenelementes (übertragene Energie pro Masseeinheit), sie wird in Gray (1 Gy = 1J/kg), früher in rad (1 rad entspricht 10^{-2} Gy) gemessen.

Soll die Wirkung einer radioaktiven Strahlung auf ein biologisches Gewebe beurteilt werden, gewichtet man die Energiedosis je nach der Gefährlichkeit der Strahlung für das biologische Gewebe. Man verwendet dazu den Begriff der *Äquivalentdosis H* ($H = q \cdot D$ [Sv] = J/kg). Sie wird aus dem Produkt aus Energiedosis D und einem dimensionslosen Bewertungsfaktor q, der die unterschiedliche Wirkung der verschiedenen Strahlungsarten berücksichtigt, errechnet, und in Sievert (Sv), früher in rem (1 rem entspricht 10^{-2} Sv), angegeben.

Der Bewertungsfaktor q ist für β-Strahlung (negative Elektronen) und γ-Strahlung gleich 1, für α-Strahlung (Heliumkerne) gleich 10 bis 20 (je nach Energie).

Die *Äquivalentdosisleistung* H^* ist die auf die Zeit bezogene Äquivalentdosis gemessen in $H^* = H/t$ [J/kg·s] = [W/kg].

Die Messung von radioaktiver Strahlung erfolgt in Abhängigkeit der Art der Strahlung und der erwünschten Genauigkeit der Messung z.B. mit photografischen Methoden, Geigerzählern, Dosisleistungsmeßgeräten, Aktivkohledosen oder Szintillationszählern.

4.2.4 Strahlenbelastung

Bei den Arten der Strahlenbelastung unterscheidet man künstliche und natürliche Strahlenbelastungen.

Künstliche Strahlenbelastung

Die künstliche Strahlenbelastung wird primär durch die medizinischen Anwendungen wie Röntgenuntersuchungen hervorgerufen. Typische Belastungen für Bewohner in Industrieländern liegen bei 1,0 bis 2,0 mSv/a. Alle weiteren Faktoren liefern, nach derzeitigem Wissen, nur einen kleinen Beitrag zur jährlichen mittleren Strahlenbelastung des Menschen (*Brand, Rechenberg* S.18 /9/).

Natürliche Strahlenbelastung

Die natürliche Radioaktivität setzt sich aus Strahlungsanteilen verschiedener Emittenten zusammen:

- kosmische Strahlung – abhängig von der Höhenlage (in 3000 m Höhe etwa 1,1 mSv/a, in Meereshöhe ca. 0,3 mSv/a)

- terrestrische Strahlung – abhängig vom Gebiet bzw. geologische Beschaffenheit des Bodens (Gehalt an Uran oder Thorium)

- inkorporierte radioaktive Stoffe – durch Nahrung und Luft.

Neben der vor allem aus γ-Strahlung bestehenden äußeren Belastung (kosmische und terrestrische Strahlung) kommt noch ein Anteil durch *inkorporierte radioaktive* Stoffe, die mit der Nahrung aufgenommen und eingeatmet werden hinzu. Ein Großteil der durch die Nahrung aufgenommenen und im Körper verbleibenden Anteile wird im Skelett eingelagert. Dazu kommen die durch die Lunge aufgenommenen Anteile aus dem Radon 222 bzw. den entsprechenden Zerfallsprodukten.

Der Hauptanteil der veränderten natürlichen Strahlenbelastung wird durch das Bewohnen von Häusern, und dabei insbesondere durch die Inhalation von Radon und seinen Folgeprodukten verursacht. Der Anteil direkter Gammastrahlung durch die in den Baustoffen vorhandenen radioaktiven Stoffen trägt zur Strahlenbelastung der Bewohner nur unwesentlich bei.

Chemisch gesehen ist Radon ungefährlich, da es als Edelgas gänzlich reaktionsträge ist. Von den natürlich vorkommenden Radonisotopen Radon 222, Radon 220 und Radon 219 besitzt Radon 222 die größte Bedeutung. Es entsteht durch Alphazerfall ($\lambda_{1/2}$ = 3,83 d) aus Radium 226. Es kann durch den bei der Alphaumwandlung erhaltenen Rückstoß zu einem bestimmten Prozentsatz die Gesteinsmatrix verlassen und gelangt in das offene Porensystem der Gesteine (Emanation, Emaniervermögen). Ein Teil der Radonatome gelangt durch Diffusion und Konvektion im Porensystem an die Grenzfläche zur freien Atmosphäre und wird an die Luft abgegeben (Exhalation, Ausgasung).

Die Löslichkeit von Radon 222 im Lungengewebe ist sehr gering und trägt nur wenig zur Lungendosis bei. Die Folgeprodukte – die Schwermetalle Polonium, Wismut und Blei – lagern sich überwiegend an Staubpartikel an und führen über Inhalation zu einer selektiven Bestrahlung der Lunge mit Alphastrahlen.

Strahlungsbelastung durch Baustoffe

Erst seit den 70er Jahren wurde man darauf aufmerksam, daß im Bauwesen Baustoffe verwendet werden, von denen unter Umständen eine nicht zu vernachlässigende Strahlenwirkung ausgeht. Zur Beurteilung der gesamten (inneren und äußeren) Strahlungsexposition der Gammastrahlung wird in der ÖNORM S 5200 /18/ ein Berechnungsmodell definiert:

$$\frac{c^{40}K}{10000} + \frac{c^{226}Ra}{1000}(1 + 0{,}15.\varepsilon.\rho.d) + \frac{c^{232}Th}{600} \leq 1 \qquad (4.1)$$

d	Dicke des Bauteils (m)
ε	Emaniervermögen
ρ	Rohdichte des Baustoffes (kg/m³)
c ^{226}Ra	Radiumaktivitätsgehalt des Baustoffes (Bq/kg)
c ^{40}K	Kaliumaktivitätsgehalt des Baustoffes (Bq/kg)
c ^{232}Th	Thoriumaktivitätsgehalt des Baustoffes (Bq/kg)

Unter dem *Emaniervermögen* ε versteht man den Quotient aus der den Baustoff verlassenden Radonmenge und jener Radonmenge, die durch radioaktiven Zerfall des Radiums im Baustoff entsteht.

Die Berechnung nach Gl. (4.1.) beruht auf einem Richtwert von maximal 2,5 mSv/a für die gesamte jährliche Belastung eines Bewohners durch die natürlichen Radionuklide im Baustoff.

In Tabelle 4-8 sind Werte für die Aktivitätskonzentration verschiedener Baustoffgruppen für die radioaktiven Isotope K 40, Th 232 und Ra 226 zusammengestellt.

Für die Berechnung in Spalte 5 von Tabelle 4-8 wurden die Vorgabewerte nach Prüfung A der ÖNORM S 5200 /18/ angenommen: d = 0,3 m; ρ = 2000 kg/m³; ρ·d = 600 kg/m²; ε = 0,1. Die Werte sind unter Berücksichtigung der angenommenen Bauteildicke von 30 cm zu interpretieren.

Für die Beurteilung der äußeren Strahlenexposition durch *Betastrahlung*, die bei Farbstoffen und keramischen Fliesen auftreten kann, wird in ÖNORM S 5200 von einer Bestrahlungsdauer der Bewohner von 8 Stunden pro Tag ausgegangen. Mit einem festgelegten Grenzwert der jährlichen Hautdosis von 0,01 mSv/a ergibt sich eine höchstzulässige Hautdosisleistung von $H^{\bullet}$ = 3,4 μSv·h⁻¹. Daraus ergibt sich unter Berücksichtigung eines Sicherheits- und eines Konversionsfaktors eine höchstzulässige flächenbezogene Aktivität von 1 Bq/cm².

Tabelle 4-8   Mittlere Aktivitätskonzentration von Baustoffen (nach /9/ u.a.)

Baustoff	Kalium 40[Bq/kg]	Radium 226[Bq/kg]	Thorium 232[Bq/kg]	Beurteilung nach ÖNORM S 5200
Natursteine				
Granit	1480	55	81	0,83
Basalt	444	107	125	1,32
Schiefer	851	48	55	0,66
Kalkstein	111	18	14	0,21
Tuffstein, Lava	1406	40	51	0,63
Sandstein	592	40	44	0,53
Mauerwerk				
Ziegel	666	59	66	0,77
Bimsbetonstein	814	51	55	0,68
Blähton-Vollblöcke	685	55	33	0,67
Ziegelsplittsteine	481	51	70	0,68
Kalksandsteine	407	40	33	0,50
Gasbeton	407	40	33	0,50
Fertigmörtel	259	55	51	0,66

Fortsetzung Tabelle 4-8

Baustoff	Kalium 40[Bq/kg]	Radium 226[Bq/kg]	Thorium 232[Bq/kg]	Beurteilung nach ÖNORM S 5200
Bindemittel				
PZ	407	29	22	0,37
HOZ	148	59	74	0,73
Kalk	333	33	25	0,41
Naturgips	111	40	7	0,42
Chemiegips	111	555	18	5,59
Zusatzstoffe				
Steinkohlen-flugasche	740	236	159	2,7
Braunkohlen-flugasche	363	59	29	0,68
Zuschläge				
Sand und Kies	370	18	33	0,27
Strandsand	296	37	25	0,44
Blähschiefer	444	44	62	0,59
Blähton	1147	66	51	0,86
Holz				
Massivholz	8	44	3	0,45
Zellulosefaser	7	39	7	0,40
Wasser	0	< 0,14	0	-

4.2.5 Gesundheitliche Auswirkungen

Der Mensch kann sich der Strahlenbelastung – auch den natürlichen Strahlenbelastungen – nicht anpassen. Strahlenbelastungen können zu genetischen und somatischen Erkrankungen führen, wobei die Auswirkungen auf das lebende Gewebe sehr unterschiedlich sein können. Die Wirkung ist u.a. abhängig:

- ob in einer Zelle überhaupt ein Stoffteilchen (Molekül) getroffen wird
- von der Aufgabe des Moleküls in der Zelle
- von einem Dosisgrenzwert unter dem keine Reaktion des Körpers ausgelöst wird
- vom getroffenen Organ
- vom Gesundheitszustand der Person.

Als Beispiel für die Belastung eines Menschen in Europa ist in Tabelle 4-9 die mittlere effektive Dosis und die genetisch signifikante Dosis der Bevölkerung Deutschlands im Jahr 1986 angegeben.

Tabelle 4-9 Mittlere effektive Dosis der Bevölkerung Deutschlands 1986 (*Borsch u.a.* S.38 in /8/)

	Mittlere effektive Dosis [mSv]	Genetisch signif. Dosis [mSv]
Natürliche Strahlenexposition	**gesamt ca. 2,4**	**ca. 1,1**
kosmische Strahlung	ca. 0,3	ca. 0,3
terrestrische Strahlung	ca. 0,5	ca. 0,5
Inhalation von Radon in Wohnungen	ca. 1,3	0
inkorporierte natürliche radioaktive Stoffe	ca. 0,3	ca. 0,3
Zivilisatorische Strahlenexposition	**gesamt ca. 1,55**	**ca. 0,55**
kerntechnische Anlagen	< 0,01	< 0,01
medizinische Anwendungen	ca. 1,5	ca. 0,5
Forschung, Technik und Haushalt	< 0,02	< 0,02
berufliche Strahlenexposition	< 0,01	< 0,01
fall-out von Kernwaffenversuchen	< 0,01	< 0,01
Strahlenexposition durch Tschernobyl	**gesamt ca. 0,11**	**ca. 0,1**
von außen	ca. 0,07	ca. 0,07
inkorporierte Stoffe	ca. 0,04	ca. 0,03

Für Radonbelastungen wurde zum Schutz der Bevölkerung von der EU-Kommission 1990 als Referenzwert, bei dem wirkungsvolle Maßnahmen zur Verringerung des Radongehaltes zu ergreifen sind eine Äquivalentdosisleistung von 20 mSv pro Jahr (entspricht einer jährlich durchschnittlichen Radongaskonzentration von ca. 400 Bq/m^3) festgelegt. Als Planungswert für Normen und Bauleitlinien wurden 10 mSv pro Jahr festgelegt /23/. Nach *Borsch u.a.* (S.48 /8/) liegt der Schwellenwert für den Menschen bei Ganzkörperexposition im ungünstigsten Fall zwischen 200 und 300 mSv. In diesem Bereich werden Reaktionen der strahlenempfindlichen Gewebe und Organe erkennbar. Frühschadenssymptome bei charakteristischen Dosiswerten nach akuter Ganzkörperbestrahlung nach einer Risikostudie sind in Tabelle 4-10 zusammengefaßt.

Tabelle 4-10 Frühschadenssymptome bei charakteristischen Dosiswerten nach akuter Ganzkörperbestrahlung (*Borsch u.a.* S.50f /8/)

Schwellendosis 0,25 Sv	*Erste klinisch faßbare Strahlungseffekte (0,2 bis 0,3 mSv):* Kurzzeitige quantitative Veränderungen im Blutbild.
Subletale Dosis 1 Sv	*Vorübergehende Strahlenkrankheit (0,75 bis 1,5 Sv):* Unwohlsein am ersten Tag möglich. Nach einer Latenzzeit von 2 bis 3 Wochen treten Haarausfall, wunder Rachen, Unwohlsein, Diarrhöe, stecknadelkopfgroße purpurfarbene Hautflecken, vorübergehendes Absinken der Spermaproduktion auf.
Mittelletale Dosis 4 Sv	*Schwere Strahlenkrankheit (3 bis 6 Sv):* Übelkeit und Erbrechen am ersten Tag. Nach 10 bis 14 Tagen Haarausfall, schwere Entzündungen im Mund- und Rachenraum, Unwohlsein, Diarrhöe, innere Blutungen, größere rote Hautflecken, bei Männern vorübergehende bis lebenslange Sterilität, bei Frauen Zyklusstörungen. Bei fehlender Therapie ca. 50 % Todesfälle.
Letale Dosis 7 Sv	*Tödliche Strahlenkrankheit (6 bis 10 Sv):* Übelkeit und Erbrechen nach 1 bis 2 Stunden. Nach 3 bis 4 Tagen Diarrhöe, Erbrechen, Entzündungen im Mund- und Rachenraum sowie im Magen-Darmtrakt, Fieber, schneller Kräfteverfall. Bei fehlender Therapie fast 100 % Todesfälle.

5 TECHNISCHE UND ÖKOLOGISCHE BESCHREIBUNG VON BAUSTOFFEN

5.1 Einleitung

Die Beschreibung der Baustoffe richtet sich nach den Anforderungen bei der praktischen Anwendung. Entsprechend der Bauproduktenrichtlinie der EU /19/ gelten für Bauprodukte sechs wesentliche Anforderungen:

- mechanische Festigkeit und Standsicherheit
- Brandschutz
- Hygiene, Gesundheit und Umweltschutz
- Nutzungssicherheit
- Schallschutz
- Energieeinsparung und Wärmeschutz.

Die in der Bauproduktenrichtlinie genannten Anforderungen können auf technische und ökologische Beschreibungen zurückgeführt werden. Bei der technischen Beschreibung sind die Parameter zur Beschreibung im wesentlichen festgelegt, bei der ökologischen Beschreibung ist noch Forschungsbedarf gegeben.

5.2 Technische Beschreibung von Baustoffen

Zur technischen Beschreibung von Baustoffen gibt es eine Vielzahl von Kennwerten. Für die Baustoffauswahl in der Planungsphase interessiert vor allem das mechanische Verhalten (Festigkeit, Verformung) der Brandschutz und die bauphysikalischen Eigenschaften. Mechanische Eigenschaften der Baustoffe werden mit Kennwerten zur Festigkeit und zum Verformungsverhalten beschrieben (Tabelle 5-1).

Tabelle 5-1 Mechanische Kenngrößen zur Beschreibung von Baustoffen

Mechanische Kenngröße	Berechnung	Dimension	
Spannung	$\sigma_{z, D} = F/A$	N/mm^2	Kraft pro Fläche
	$\sigma_{BZ} = M/W$		Moment durch Widerstandsmoment
Elastizitätsmodul	$E = \sigma/\varepsilon$	N/mm^2	Verhältnis von Spannung und Dehnung

Zur brandschutztechnischen Beschreibung werden im Bauwesen die Brennbarkeits- bzw. Nichtbrennbarkeitsklassen der Baustoffe sowie der Brandwiderstand der daraus hergestellten Bauteile verwendet. In Tabelle 5-2 sind die Brennbarkeitsklassen entsprechend DIN 4102 und ÖNORM B 3800 bzw. die Kennzeichnung für Bauteile gegenübergestellt.

Tabelle 5-2 Brennbarkeitsklassen von Baustoffen und Brandwiderstandsklassen von Bauteilen nach DIN 4102 /26/ und ÖNORM B 3800 /27/

Baustoffe				
	DIN 4102		**ÖNORM B 3800**	
Baustoffklasse	Bauaufsichtliche Benennung	Brennbarkeitsklasse		
A	**nicht brennbare Baustoffe**	**A**	**nicht brennbar**	
A1				
A2				
B	**brennbare Baustoffe**	**B**	**brennbar**	
B1	schwerentflammbare Baustoffe	B1	schwerbrennbar	
B2	normalentflammbare Baustoffe	B2	normalbrennbar	
B3	leichtentflammbare Baustoffe	B3	leichtbrennbar	
Bauteile				
Feuerwiderstands-klasse		**Brandwiderstands-klasse**	**brandschutztechnische Bezeichnung**	
F 30		F 30	brandhemmend	
F 60		F 60	hochbrandhemmend	
F 90		F 90	brandbeständig	
F 120				
F 180		F180	hochbrandbeständig	

Zu den physikalischen Beschreibungen zählen die Dichte, die Wärmeleitzahl, spezifische Wärmekapazität und Diffusionswiderstandsfaktor (Tabelle 5-3).

Tabelle 5-3 Physikalische Kenngrößen zur Beschreibung von Baustoffen

Dichte	$\rho = m/V$	kg/m^3	Dichte = Masse /Volumen
Wärmeleitzahl	λ	W/m·K	Die Wärmeleitzahl kennzeichnet diejenige Wärmemenge, die in einer Stunde durch 1 m^2 einer 1 m dicken Schicht bei dauernder Beheizung und einem Wärmefluß senkrecht zu beiden Oberflächen bei einem Temperaturunterschied zwischen den beiden Oberflächen von 1 Grad Kelvin fließt.
spezifische Wärmekapazität	c	kJ/kg·K	Die spezifische Wärmekapazität gibt an, welche Wärmemenge notwendig ist, um 1 kg eines Stoffes um 1 K zu erwärmen. Auskühlzeit $z = \Sigma\, d{\cdot}\rho{\cdot}c{\cdot}(1/\alpha_a + d/2{\cdot}\lambda)$) Fußwärme $b = (\rho{\cdot}c{\cdot}\lambda)^{0,5}$
Diffusions-widerstandsfaktor	μ	1	Der Diffusionswiderstandsfaktor ist eine Verhältniszahl und gibt an, um wieviel mal größer der Diffusionswiderstand einer Stoffschicht ist, als der einer gleich dicken Luftschicht unter den gleichen Bedingungen.

Um die Eigenschaften der in diesem Buch angegebenen Materialien besser abschätzen zu können, sind in Tabelle 5-4 Kenngrößen für einige konventionelle Baustoffe zum Vergleich angegeben.

Tabelle 5-4 Kennwerte (Mittelwerte) verschiedener konventioneller Baustoffe (nach /10/)

Baustoff	ρ [kg/m³]	E-Modul [N/mm²]	λ [W/m·K]	c [kJ/kg·K]	μ	Brenn-barkeits-klasse
Metalle						
Kupfer	8900	115 000	340	0,38	∞	A1
Baustahl	7850	210 000	50	0,47	∞	A1
Natürliche Gesteine						
Granit	2700	75 000	3,5	0,91	65	A1
Quarz. Sandstein	2600	45 000	2,1	0,88	40	A1
Künstliche Steine						
Vollziegel	1600	13 000	0,7	0,92	8	A1
Klinker	2000	45 000	1,0	0,88	200	A1
Normalbeton	2400	30 000 *)	2,1	1,13	100	A1
Mörtel						
Gipsputz	1100	5000	0,4	0,85	10	A1
Kalkzementputz	1800	6000	0,9	1,1	25	A1
Holz						
Weichholz	600 **)	//$_{Faser}$ 10 000	0,14	2,5	45	B2
Hartholz	800 **)	//$_{Faser}$ 13 500	0,15	2,5	45	B2 ***)
Dämmstoffe						
Glaswolle	120	xxx	0,04	0,6	1	A1
expandiertes Polystyrol	30	xxx	0,03	1,4	45	B2 ****)
*) B25						
**) Angaben aus der Norm						
***) lt. ÖNORM B 3800/1 gelten Holz von Eiche und Rotbuche bei d ≥ 15 mm als schwerbrennbar (B1)						
****) lt. ÖNORM B 388/1 gilt expandierter Polystyrol-Partikelschaumstoff als schwerbrennbar (B1)						

5.3 Ökologische Beschreibung von Baustoffen

Damit das ökologische Verhalten eines Baustoffes oder Bauteiles abgeschätzt werden kann werden Untersuchungen mit Hilfe der Methode der Ökobilanzen durchgeführt. Die produktbezogene Ökobilanz für Baustoffe oder Bauteile erfaßt als Ergänzung zur technischen Bewertung durch physikalische Größen die wesentlichen Umweltauswirkungen bei der Rohstoffgewinnung, der Herstellung von Zwischenprodukten, der Nutzung bzw. dem

Gebrauch, bis hin zur Abfallentsorgung. Eine ökologischen Untersuchung wird gemäß ÖNORM ISO 14 040 /20/ (Life Cycle Assessment, LCA) in 4 Schritte eingeteilt (Abbildung 5-1):

- *Goal and scope definition*
- *Inventory analysis*
- *Impact assessment*
- *Interpretation.*

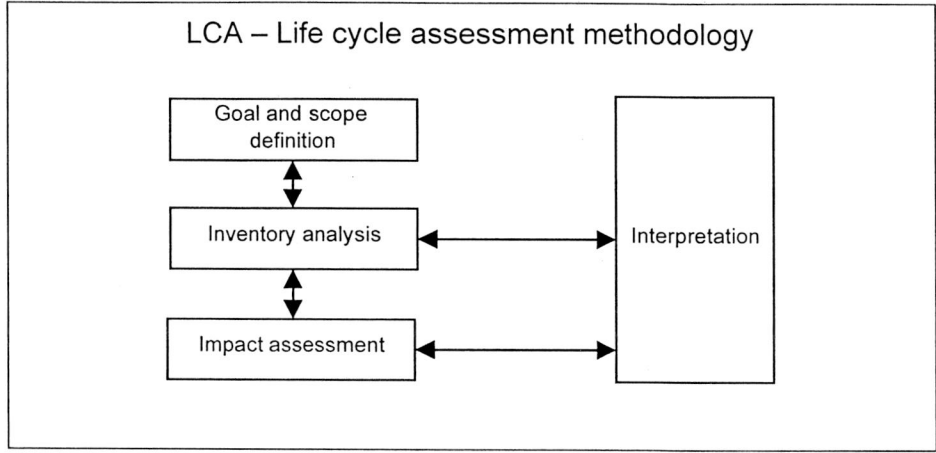

Abbildung 5-1 Struktur einer produktbezogenen Ökobilanz nach ISO 14040

Goal and scope definition – Zieldefinition

Bei der *goal and scope Definition* (ISO 14 041 /21/), der Zieldefinition einer Ökobilanz, sollten folgende Komponenten enthalten sein:

- Zweck der Studie (Gründe für die Erstellung), Zielgruppe
- Festlegung der funktionellen Äquivalenz, d.h. der nutzen- und leistungsbezogenen Vergleichseinheiten
- Festlegung des Bilanzraumes (räumliche, geographische Systemgrenzen)
- Festlegung der zeitlichen Systemgrenzen
- Festlegung der Systemgrenzen bezüglich der *inventory analysis* und des *impact assessment* d.h. Sach- und Wirkungsbilanz (Kuppelprodukte etc.)
- Festlegung von Abschneidekriterien
- Festlegung der Datenanforderungen (Datenqualität) und Annahmen.

Life cycle inventory analysis (Sachbilanz, Input-Output Analyse)

Die *life cycle inventory analysis* (ISO 14 041 /21/), d.h die Sachbilanz (Abbildung 5-2), enthält eine Zusammenfassung und Quantifizierung der wesentlichen Stoff- und Energieströme (Input-Output-Analyse) in Abhängigkeit der definierten Bilanzgrenzen. Sie umfaßt eine vertikale und eine horizontale Betrachtung des Produktes. Die vertikale Betrachtung beschreibt den gesamten Lebensweg des Produktes (Rohstoffe, Herstellung etc.). Die horizontale Betrachtung erfaßt die mit dem Lebensweg des Produktes verbundenen Wechselbeziehungen mit der Umwelt (Abbildung 5-2).

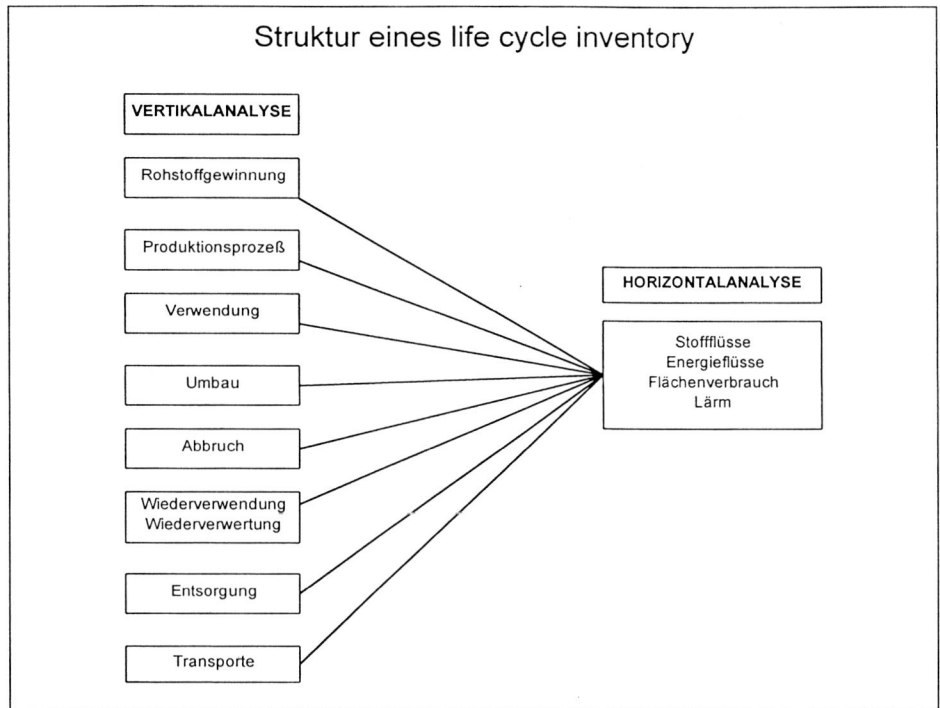

Abbildung 5-2 life cycle inventory – Struktur einer Sachbilanz

Zur Erstellung der Sachbilanz wird der Lebensweg des Baustoffes in abgrenzbare Untersuchungseinheiten – Module unterteilt. Jeder Modul ist mit den entsprechenden Nachbarmodulen und der Umwelt durch Stoff- und Energieströme verbunden und wird mit den entsprechenden Stoff- und Energiedaten Daten gefüllt. Am Schluß werden die Einzelstoffen aller Module summiert, woraus sich eine Input-Output-Analyse ergibt. Bei der Erstellung der Sachbilanz ist insbesondere auf die Daten, die Verteilungsprozesse (Kuppelprodukte) und die Energie bzw. Energieträger zu achten.

Das Ergebnis einer *life cycle inventory* ist eine Matrix unterschiedlicher Daten, die unter Berücksichtigung von zunächst qualitativ zu beschreibenden Umweltkategorien entsteht.

Die *Datenerhebung* ist oft der schwierigste Teil bei der Erstellung einer Sachbilanz. In vielen Fällen werden die Daten von den Herstellungsbetrieben nicht weitergegeben bzw. sind die Daten auch dort nicht verfügbar. Manchmal ist eine genau Datenerhebung nicht möglich, da z.B. die Bezugsquelle je nach Marktlage wechselt (z.B. Bitumenbörse, Baumwollbörse).

Bei der Erstellung unterscheidet man:

- *Verallgemeinerte Daten* zu einzelnen Vorgängen, z.B. Literaturdaten, Daten die für mehrere ähnliche Produkte gelten, Daten, z.B. Emissionsdaten oder Emissionsfaktoren bei Transportvorgängen.

- *Spezifisch ermittelte Daten* welche am Objekt selbst erhoben werden. Die Daten gelten nur für den Lebenszyklus des einzelnen Produktes.

Bei Verteilungsprozessen treten *Kuppelprodukte* auf, darunter versteht man Produkte die als Nebenprodukte bei der Herstellung entstehen. Die Umweltbelastungen können dabei entweder massenproportional oder energieproportional auf das betrachtete Produkt und die Nebenprodukte aufgeteilt werden.

Bei der Berechnung des Energieaufwandes kommt es vor, daß innerhalb eines Lebenszyklusses verschiedene Energieträger benötigt werden, die jeweils detailliert aufgeführt sein sollten. Für elektrische Energie wird ein von der jeweiligen Region abhängiger Mischwert aufgrund der örtlichen Produktionsformen (Wasserkraft oder thermische Kraftwerke) angenommen.

Bei der Untersuchung der Transportvorgänge werden u.a. der Anteil den der Straßen-, Schienen-, Wasserstraßen-, Flug- und Rohrleitungsverkehr an den zu untersuchenden Transportvorgängen haben (Modal split), sowie die Transportweite und der Auslastungsgrad der Transportmittel mit einbezogen.

Die für die Herstellung der Produktionsgebäude und Maschinen erforderliche Energie („graue Energie") wird üblicherweise nicht eingerechnet, obwohl deren Anteil am Gesamtenergieaufwand in der Größenordnung von 5 – 10 % liegen kann.

Weiters können Lebenswegkriterien, d.h. Umlaufzahlen, Ausfallquoten, Reparaturaufwand und Recyclingquoten in die Sachbilanz einbezogen werden. Damit kann das Ergebnis der Untersuchung maßgeblich verändert werden.

Life cycle impact assessment (Wirkungsbilanz)

Das Ziel der *life cycle impact assessment* (Wirkungsbilanz) ist die Abschätzung der wesentlichen Umwelteinwirkungen unter Verwendung der Ergebnisse der *life cycle inventory analysis*.

Dabei wird festgestellt, wie sich die Stoff- oder Energieflüsse auf die Umwelt auswirken. Es ist dabei zu bedenken, daß die Definition was unter einer Umwelteinwirkung (Umweltschaden) zu verstehen ist, von unserem derzeitigen Wissensstand über die Wechselwirkungen bzw. Zusammenhänge in der Natur abhängt. Das Zusammenspiel verschiedener umweltrelevanter Stoffe – durch Synergieeffekte – kann bei der Wirkungsbilanz im allgemeinen nicht berücksichtigt werden, weil die zu betrachtenden Systeme beliebig kompliziert werden. Tatsächlich ist es für die Beurteilung der Wirkung von Schadstoffen in der Regel aber sehr bedeutsam, in welcher Wechselwirkung die Schadstoffe zu anderen Stoffen stehen, mit denen sie gemeinsam auftreten.

Die Erstellung des *life cycle impact assessment* kann folgende Teilschritte umfassen:

- Klassifizierung: Zuordnung der Energie- und Massenströme aus der *life cycle inventory analysis* zu einer überschaubaren (handhabbaren) Anzahl von Umweltwirkungskategorien.

- Charakterisierung von Umweltkategorien z.B.: Inanspruchnahme von Ressourcen, Treibhauseffekt, Ozonabbau (Stratosphäre), Humantoxizität, und Ökotoxizität von Schadgasen, Stäuben, Versauerung der Gewässer und Böden, Flächenbedarf, Abfall usw.

- Bewertung: Quantifizierung der Wirkungskategorien unter Beachtung der funktionellen Einheit des Produktes oder Baustoffes unter Verwendung der Daten und Fakten aus der Sachbilanz.

Interpretation

In der Interpretation wird als letztem Schritt der Ökobilanz eine Synthese der Erkenntnisse aus Sach- und Wirkungsbilanz gebildet. Die Erkenntnisse dieser Interpretation können in Form von Zusammenfassungen und Empfehlungen für die Anwender in Übereinstimmungen mit der Zieldefinition zusammengefaßt werden. Die Interpretation sollte auch die Schwachstellen der durchgeführten Untersuchungen beinhalten.

5.4 Praxisbezogene Beschreibung von Bauprodukten

Für die praktische Anwendung bei einem Bauvorhaben ist die Erstellung einer ausführlichen Ökobilanz in der Regel ein zu großer Aufwand. Es ist daher eine einfache Deklaration erforderlich mit deren Hilfe das ökologische Verhalten der Bauprodukte abgeschätzt werden kann. Die Grundlage dieser ökologischen Bauproduktenbeschreibung muß jedoch in Form einer Ökobilanz ermittelt werden.

Im Rahmen dieses Buches wird versucht eine einfache Beschreibung in Form einer ökologischen Charakterisierung während des Lebensweges der beschriebenen Baustoffes anzugeben (Tabelle 5-5). Wenn bereits eine Ökobilanz für das jeweilige Produkt vorhanden ist wurden die entsprechenden Ergebnisse zusammengefaßt, in den anderen Fällen wurde eine Abschätzung anhand eigener Untersuchungen vorgenommen.

Tabelle 5-5 Entwurf eines Datenblattes zur Ökocharakteristik (vgl. /25/)

Lebenszyklus	Umweltcharakteristik	Energiebedarf [kWh]	Anmerkung (Datenquelle)
Rohstoffe		xxx	
Herstellung			
Nutzung		xxx	
Sanierung und Umbau		Arbeitskalkulation	
Abbruch		Arbeitskalkulation	
Recycling			
Transport			
Legende: + ... ökologisch günstig, 0 ... ökologischer Standard, - ... ökologisch ungünstig			

Die Angaben der Baustoffcharakteristika können für Bauteile zu einer Umweltmatrix zusammengefaßt werden (Tabelle 5-6), die für die einzelnen Lebensabschnitte das ökologische Bauteilverhalten beschreibt. Allerdings ist dazu weiterführend eine Bewertung der Verbindungen der einzelnen Bauteile erforderlich.

Tabelle 5-6 Ökomatrix für Bauteile

Bauteil:	Umweltcharakteristik der Bauteilschichten									Gesamt		
Lebenszyklus	1	2	3	4	5	6	7	8	9	Umwelt	Energie kWh/m²	Anmer- kung
Verfügbarkeit der Rohstoffe												
Herstellung												
Nutzung												
Sanierung und Umbau												
Abbruch												
Recycling												
Transport												
Summe												
Interpretation												

5.5 Ökologische Kennwerte

Neben der Ökobilanz entstanden in verschiedenen Bereichen weitere Methoden und Kennwerte, die das ökologische Verhalten von Materialien kennzeichnen.

Primärenergieinhalt

Unter dem Primärenergieinhalt (PEI) versteht man den Energieverbrauch für die Herstellung eines Produktes einschließlich Transport und Herstellung der Ausgangsstoffe. Dazu kommt noch der indirekte Energiebedarf für die Errichtung der Produktionsstätten, die Herstellung der Maschinen usw. /11/. Eine allgemeingültige Definition des PEI bzw. ein Verfahren zur Ermittlung existiert derzeit nicht. Ein Vergleich der derzeit publizierten PEI-Werte ist wegen der unterschiedlichen Berechnungsgrundlagen daher nicht möglich. In Tabelle 5-7 sind für einige Materialien PEI-Werte beispielhaft angegeben.

Tabelle 5-7 Größenordnungen und Beispiele für den Primärenergiegehalt (*G. Zwiener* S.260 /11/)

PEI [kWh/m^3]	Beurteilung	Beispiel	PEI [kWh/m^3]
< 100	sehr gering	Strohplatten	ca. 5
100 – 300	gering	Cellulosedämmstoffe	ca. 150
300 – 1 000	mittel	Holz (Fichte)	ca. 470
1 000 – 10 000	hoch	Klinker	ca. 1 700
> 10 000	sehr hoch	Aluminium	ca. 200 000

Abfall – Gefährdungspotentiale – Eluatklassen

In der Abfallwirtschaft und den dazugehörigen Normen wird das Gefährdungspotential von Stoffen im wesentlichen durch die Summe der Gesamtinhaltsstoffe, der mit Wasser lösbaren bzw. mobilisierbaren Anteile und den nach der Ablagerung zu erwartenden Reaktionen beurteilt (vgl. ÖNORM S 2070 /22/). Die Summe der Inhaltsstoffe wird durch eine Analyse des Abfalls ermittelt und die dabei mit Wasser mobilisierten Stoffe durch die Eluatqualität ausgedrückt. Mit Hilfe der Eluatqualität sind Aussagen über Inhaltsstoffe im Sickerwasser möglich, aber keine Angaben über deren Konzentration bzw. das zeitliche Auftreten. In Abhängigkeit der auftretenden Eluate werden Eluatsklassen festgelegt, die eine evtl. erforderliche Behandlung des Abfalls vor der Deponierung beschreiben.

Abfälle mit Inhaltsstoffen, die bereits in geringen Mengen hochgiftig wirken, z.B. Abfälle die giftige Gase entwickeln, flüssige giftige Abfälle usw. dürfen nicht deponiert werden.

Gefahrenkennzeichnung für ökologisch und toxikologisch relevante Bestandteile

Gemäß EU Richtlinien (Amtsblatt der Europäischen Gemeinschaft L180 samt Anhängen L180A, 8.7.1991) müssen als ökologisch oder toxikologisch erkannte Bestandteile während der Nutzung und Entsorgung eines Produktes, unabhängig von der Wahrscheinlichkeit ihres Austretens aus dem Produkt, durch „R-Sätze" deklariert werden.

Mittels der R-Sätze (R20 bis R48 für gesundheitsgefährdende Wirkungen, R50 bis R53 für gewässergefährdende Wirkungen) werden zwei Lebensabschnitte hinsichtlich des Gefahrenpotentials der Bestandteile beschrieben, nicht aber das eigentliche Risiko während des gesamten Lebensweges.

6 LITERATUR

/1/	Fellenberg G.,	Chemie der Umweltbelastung, B. G. Teubner Verlag, 2. Auflage, Stuttgart 1992
/2/	Weibl Th., Strunz A.	Ökoinventare von Baumaterialien, Institut für Elektrotechnik, Laboratorium für Energiesysteme, ETHZ-Zentrum Zürich 1995
/3/	Neitzel H.	Methodik der produktbezogenen Ökobilanzen, Wirkungsbilanz und Bewertung Umweltbundesamt, Berlin, 1995
/4/	Heinrich D., Hergt M.	dtv-Atlas zur Ökologielexikon, Deutscher Taschenbuchverlag GmbH & Co. KG, 2. Auflage 1990
/5/	Hulpke H., Koch H., Wagner R.	Römpp, Lexikon Umwelt, Georg Thieme Verlag Stuttgart 1993
/6/	Knoblauch H., Schneider U.	Bauchemie, Werner-Verlag, 4. Auflage, Düsseldorf 1995
/7/	Schulze Darup B.,	Bauökologie, Bauverlag Wiesbaden, Berlin 1996
/8/	Borsch u.a.	Strahlenschutz, Radioaktivität und Gesundheit, Bayrisches Staatsministerium für Landesentwicklung und Umweltfragen, 4. Auflage 1991
/9/	Brand J., Rechenberg W.	Umwelt, Radioaktivität und Beton, Beton-Verlag, Düsseldorf 1994
/10/	Schneider K.-J.	Bautabellen für Architekten, 12. Auflage, Werner-Verlag 1996
/11/	Zwiener G.	Ökologisches Baustofflexikon, C.F.Müller Verlag GmbH, Heidelberg 1. Auflage 1994
/12/	Kasser U. Ammann D.	SIA Deklarationsraster für ökologische Merkmale von Baustoffen, SIA Dokumentation D 093, Oktober 1992
/13/	Krusche P. u.a.	Ökologisches Bauen, Bauverlag Wiesbaden, Berlin 1982
/14/	Tomm A.	Ökologisches Planen und Bauen, Vieweg Verlag, Braunschweig Wiesbaden, 1992
/15/	Tu Was (Hrsg.)	Ökologisch bauen – aber wie ? Werner-Verlag GmbH Düsseldorf 1995
/16/	Beckert J. u.a. (Hrsg.)	Gesundes Wohnen, Beton-Verlag, Düsseldorf 1986
/17/	Sokol G.	Entropie und Syntropie - Die Hauptsätze der Thermodynamik als Grundlagen der ökologischen Beurteilung von Baustoffen, Diplomarbeit am Institut für Baustofflehre, Bauphysik und Brandschutz der TU- Wien, Wien 1997 (unveröffentlicht)
/18/	ÖNORM S 5200	Radioaktivität von Baustoffen, April 1996
/19/	Bossenmayer H.	Das Grundlagendokument Hygiene, Gesundheit und Umweltschutz zur EG-Bauproduktenrichtlinie, Wirtschaftsministerium Baden-Württemberg, Stuttgart
/20/	ÖNORM EN ISO 14 940	Umweltmanagement Produkt-Ökobilanz, Prinzipien und allgemeine Anforderungen, September 1996
/21/	ÖNORM EN ISO 14 041	Umweltmanagement Ökobilanz, Festlegung des Zieles und des Untersuchungsrahmens sowie der Sachbilanz
/22/	ÖNORM S 2072	Eluatklassen Gefährdungspotential von Abfällen, Dezember 1990
/23/	Gaubinger B.	Wechselseitige Beziehung baustoffbedingter Schadstoffeinwirkungen auf den Menschen, Diplomarbeit am Institut für Baustofflehre, Bauphysik und Brandschutz der TU- Wien, Wien 1997 (unveröffentlicht)
/24/	Esterbauer R.	Nachhaltigkeit – ein utilitaristisches Konzept, in Ökonomie, Ökologie, Ethik; Hrsg. A. Kolb, R. Esterbauer, H. Ruckenbauer, Tyrolia Verlag
/25/	Bruckner H.	Vorschläge zu einer praxisorientierten ökologischen Bewertung von Baustoffen, Konzept zum Forschungsprojekt Leitlinien zur ökologischen Altbausanierung (unveröffentlicht)
/26/	DIN 4102	Brandschutzmaßnahmen DIN-Taschenbuch 120, Beuth-Verlag, 7. Auflage, März 1994
/27/	ÖNORM B 3800	Brandverhalten von Baustoffen; Teil1, Vornorm Dezember 1988, Teil2 , März 1997

Index Abschnitt A

Abschnitt B – Baustoffe

1 HEIMISCHE NUTZHÖLZER

1.1 Einleitung

Die heimische Natur bietet einen großen Reichtum verschiedener Nutzhölzer. In früheren Zeiten wurden diese Hölzer sehr häufig im Bauwesen, für Möbel, Werkzeuge und für Gegenstände des täglichen Gebrauchs verwendet, da Holz fast überall verfügbar und leicht zu bearbeiten ist. Dabei wurde großes Augenmerk auf die Eigenschaften der einzelnen Hölzer gelegt, um eine möglichst lange Lebensdauer der daraus hergestellten Produkte zu erreichen. Mit der Änderung der Einstellung gegenüber Konsumprodukten im Zuge der Entwicklung zu einer Wegwerfgesellschaft, und durch die Verwendung von Ersatzstoffen (Kunststoffen), wurde das Wissen um die speziellen Holzeigenschaften unwichtig. Im Zuge der Ökologisierung und den damit verbundenen Forderungen nach Verwendung von nachwachsenden Rohstoffen und Langlebigkeit von Produkten gewinnt das Wissen um die Holzarten und ihren unterschiedlichen Eigenschaften wieder an Bedeutung.

Die Unterschiede bei den Holzarten betreffen u.a.:

- Dichte
- Festigkeit
- Spaltbarkeit
- Elastisches Verhalten
- Härte
- Bearbeitbarkeit

- Feuchtedehnung
- Dauerhaftigkeit bei Witterungseinfluß
- Dauerhaftigkeit bei Abnutzung
- Dauerhaftigkeit bei biologischen Einflüssen
- Dauerhaftigkeit bei chemischen Einflüssen
- Dauerhaftigkeit bei Feuer.

Für die verschiedenen Anwendungsbereiche im Bauwesen, d.h. für Zimmerer, Bautischler, aber auch beim weiterverarbeitenden Handwerk (Möbeltischler, Drechsler etc.) ist meist eine günstige Kombination der oben genannten Eigenschaften für die Anwendung ausschlaggebend. Dadurch ist eine Zuordnung einzelner Holzarten zu spezifischer Verwendung möglich, d.h. der Anwender kann das für seine speziellen Anforderungen günstigste Holz auswählen. Die tabellarische Gegenüberstellung der verschiedenen Eigenschaften ermöglicht eine solche Auswahl. Die Verwendung einer Holzart ist natürlich auch von der Verfügbarkeit des Holzes vor Ort abhängig, da die Länge des Transportwegs ein wesentliches ökologisches Kriterium darstellt.

1.2 Holzartenbestimmung

1.2.1 Grundlagen

Die Bestimmung der wichtigsten heimischen Holzarten ist für den Architekten und Bauingenieur, im Zusammenhang mit der Anwendung von Holz, eine wichtige Grundlage. Es handelt sich dabei allerdings um ein Wissensgebiet, daß neben eingehendem Studium auch viel Erfahrung benötigt. Für den Ingenieur reicht im allgemeinen eine Übersicht über die makroskopische Bestimmung – im Gegensatz zur mikroskopischen Bestimmung – der Hölzer aus. Zur Vertiefung der Kenntnisse sei hier auf die spezielle Fachliteratur zur Holzbestimmung verwiesen.

Grundlage für die Bestimmung ist das Wissen um die 3 Schnittrichtungen von Holz (Abbildung 1-1), die auch die definierten Richtungen der Anisotropie darstellen.

Abbildung 1-1 Querschnitt, Tangentialschnitt und Radialschnitt bei Holz

Obwohl die Eigenschaften in tangentialer und radialer Richtung verschieden sind, wird in der Praxis vereinfachend nur zwischen parallel und normal zur Faser unterschieden.

Damit die makroskopischen Bestimmungsmerkmale in ihren Zusammenhängen verstanden werden können, sind einige Kenntnisse des mikroskopischen Aufbaus von Holz erforderlich. Jedes Holz besitzt Leitungs-, Festigungs- und Speichergewebe, wobei diese Gewebearten von unterschiedlichen Zellentypen gebildet werden (Tabelle 1-1).

Tabelle 1-1   Zellentypen der Hölzer

Nadelholz	Laubholz
Leitungs- und Festigungsgewebe = Tracheiden	Leitungsgewebe (Gefäße) = Tracheen
	Festigungsgewebe = Sklerenchymzellen
Speicherungsgewebe = Parenchymzellen	Speicherungsgewebe = Parenchymzellen

Abbildung 1-2 zeigt die mikroskopischen Querschnitte durch ein Nadel- und ein Laubholz. Die dargestellten Zellen zeigen sich im makroskopischem Bild als wichtige Bestimmungsmerkmale, z.B. die Tracheen als Poren am Querschnitt bei Laubhölzern und das Querparenchym als Mark- oder Holzstrahlen.

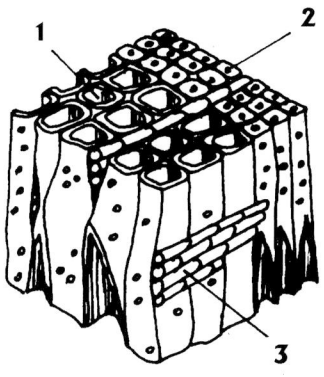 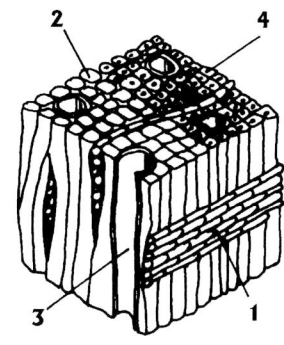

1 Tracheiden (weitlumig), 2 Tracheiden (englumig)
3 Querparenchym

1 Querparenchym, 2 Längsparenchym,
3 Tracheen (Poren), 4 Sklerenchym

Abbildung 1-2 Nadelholz (links), Laubholz (rechts)

1.2.2 Makroskopische Holzbestimmung

Zur makroskopischen Bestimmung der Hölzer werden die nachfolgend angegebenen Strukturmerkmale des Holzes verwendet.

- Poren (Verteilung)
- Splintholz – Kernholz
- Harzkanäle

- Holzstrahlen
- Jahresringbildung
- Zeichnung

- Farbe, Glanz
- Geruch
- Rohdichte und Härte.

Ob ein Holz *Poren* besitzt oder nicht, dient als Unterscheidungsmerkmal zwischen Laub- und Nadelhölzern. Poren sind besonders gut bei ringporigen Laubhölzern in Form von kleinen, wie mit einer Stecknadel gestochenen, Löcher erkennbar[1]. Bei Laubhölzern sind die Größe, Verteilung, Anordnung und Häufigkeit der Poren eine wichtige Bestimmungshilfe. Hier unterscheidet man weiter:

- *ringporige Laubhölzer:* große Poren, vorwiegend im Frühholz (Eiche, Esche, Ulme, Robinie, Edelkastanie)

- *halbringporige Laubhölzer:* kleine Poren, vermehrt im Frühholz (Walnuß, Kirsche)

- *zerstreutporige Laubhölzer:* kleine Poren, zerstreut über den gesamten Querschnitt (Rotbuche, Weißbuche, Erle, Ahorn, Zwetschke, Birne, Pappel, Weide, Birke, Linde).

Große Poren läßt das Holz rissig erscheinen, was sich auch mit den Fingernägeln am Tangentialschnitt prüfen läßt.

---

[1] Die Bestimmung erfolgt immer an einer mit einem Messer geschnittenen oder sehr fein geschliffenen Fläche.

Bei den meisten Bäumen besteht der Stammquerschnitt aus dem inneren Kernholz, um das wie ein Mantel das wasserführende Splintholz angeordnet ist. Im Stammquerschnitt ist bei *Kernholzbäumen* der innenliegende Kern, der durch abgelagerte Substanzen dunkel gefärbt ist, von einer konzentrischen darum liegenden Splintholzzone umgeben. Ist nur einer der Bereiche – Kernholz oder nur Splintholz – vorhanden, so ist bei dunklerer Färbung und einer auffallenden Zeichnung eher mit Kernholz zu rechnen. Eine hellere Farbe des Holzes deutet eher auf Splintholz hin – muß aber nicht vom Splintholz stammen (Tabelle 1-2).

Bei *Reifholzbäumen* ist zwischen Kern- und Splintholz kein Farbunterschied erkennbar, sie besitzen aber die gleichen Eigenschaften wie Kernholzbäume.

Bäume, die während ihres Lebens im gesamten Stammquerschnitt saftführend bleiben und weder einen Farb- noch einen Härteunterschied aufweisen, nennt man *Splintholzbäume*. *Kernreifholzbäume* bilden im Alter zwischen Kern- und Splintholz ein Reifholz aus.

Tabelle 1-2   Kern-, Reif-, Splintholz und Kernreifholzbäume

Kernholzbäume	Reifholzbäume	Splintholzbäume	Kernreifholzbäume
Eibe, Eiche, Esche, Kiefer (Föhre), Kirsche, Lärche, Nußbaum, Pappel, Weide, Zirbe	Birne, Feldahorn, Fichte, Linde, Rotbuche, Tanne	Birke, Bergahorn, Erle, Spitzahorn, Weißbuche	Ulme (Rüster)

Bei einigen Nadelhölzern liegen zwischen den Speicherzellen sowohl achsial als auch radial verlaufende *Harzkanäle,* die mit freiem Auge sichtbar sind. Sie kommen bei Fichte, Kiefer und Lärche vor.

Querliegende Parenchymzellen (dünnwandige, sehr kurze Zellen zur Saftspeicherung) oder *Holzstrahlen* dienen bei Laubhölzern auf allen drei Schnittrichtungen als Bestimmungsmerkmal. Am Querschnitt sind ihre Sichtbarkeit, Breite, Anzahl und Anordnung wichtige Erkennungshilfen. Am Tangentialschnitt kann die Anordnung beurteilt werden. Am Radialschnitt ist bei manchen Hölzern (z.B. Ahorn) eine Spiegelbildung zu beobachten.

Die Breite der *Jahresringe*, bzw. die Art des Überganges vom Früh- zum Spätholz (plötzlich oder allmählich), aber auch die Welligkeit der Jahresringe (Weißbuche, Birke, Eibe) wird ebenfalls zur Bestimmung herangezogen.

Jede der drei Schnittrichtungen (Quer-, Tangential-, Radialschnitt) bringt eine unterschiedliche *Zeichnung.* Eine schlichte Zeichnung bei parallel liegenden Jahresringen erscheint im Radialschnitt; im Tangentialschnitt entsteht eine Fladerzeichnung. Manche Hölzer haben einen starken *Geruch* nach Harz, Gerbstoffen oder ätherischen Ölen. Der Geruch von Föhre, Zirbe, Tanne, Eiche und Rüster ist vor allem bei frisch geschnittenem Holz ausgeprägt.

Man unterscheidet bei der *Härte* der Hölzer harte, mittelharte und weiche Hölzer. Technisch wird die Härte nach dem Verfahren nach *Janka* (oder *Brinell*) ermittelt und in N/mm^2

angegeben. Für eine erste Abschätzung des Ingenieurs kann der Zusammenhang große Härte – große Dichte, bzw. ein einfacher Test mit dem Fingernagel herangezogen werden.

In den folgenden Abbildungen sind Bestimmungshilfen für die makroskopische Holzbestimmung zusammengestellt. Man geht von der Unterscheidung Nadelholz oder Laubholz (Poren) aus (Abbildung 1-3).

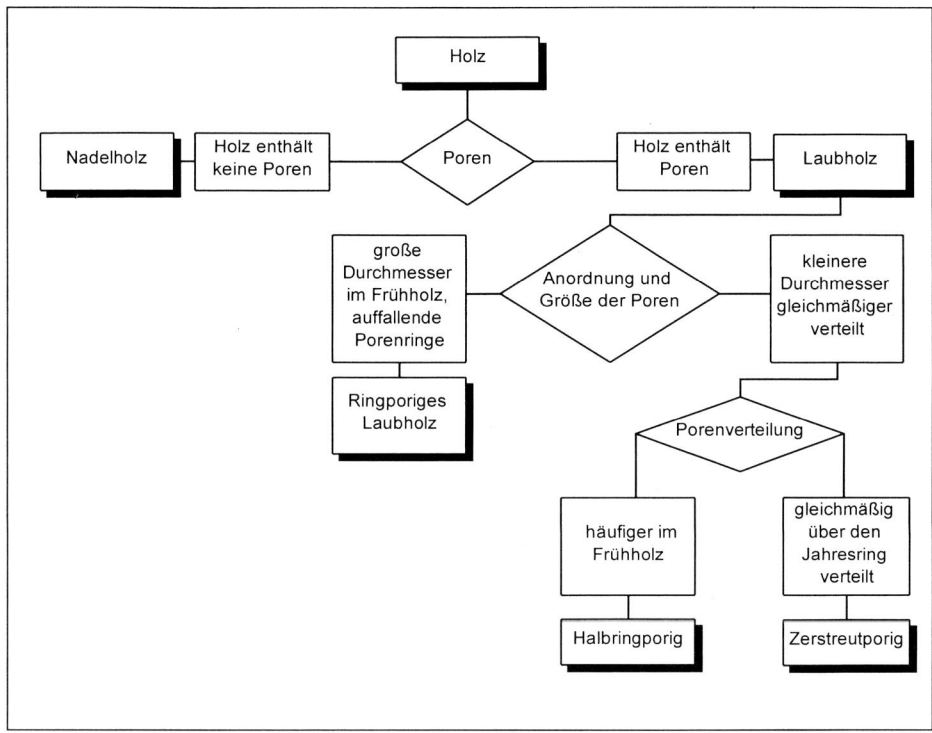

Abbildung 1-3 Bestimmungsschlüssel Nadel- und Laubhölzer (*Sachsse* /1/)

1.3 Nadelhölzer

1.3.1 Bestimmungsschlüssel für Nadelhölzer

Bei den Nadelhölzern (Abbildung 1-4) dienen die Harzkanäle als erstes Unterscheidungsmerkmal, im weiteren werden die Sichtbarkeit des Kernholzes und die Harzkanäle zur Bestimmung herangezogen.

Neben der grundlegenden Systematik werden bei der praktischen Holzbestimmung weitere Bestimmungsmerkmale herangezogen, die für Nadelhölzer in Tabelle 1-3 zusammengestellt sind.

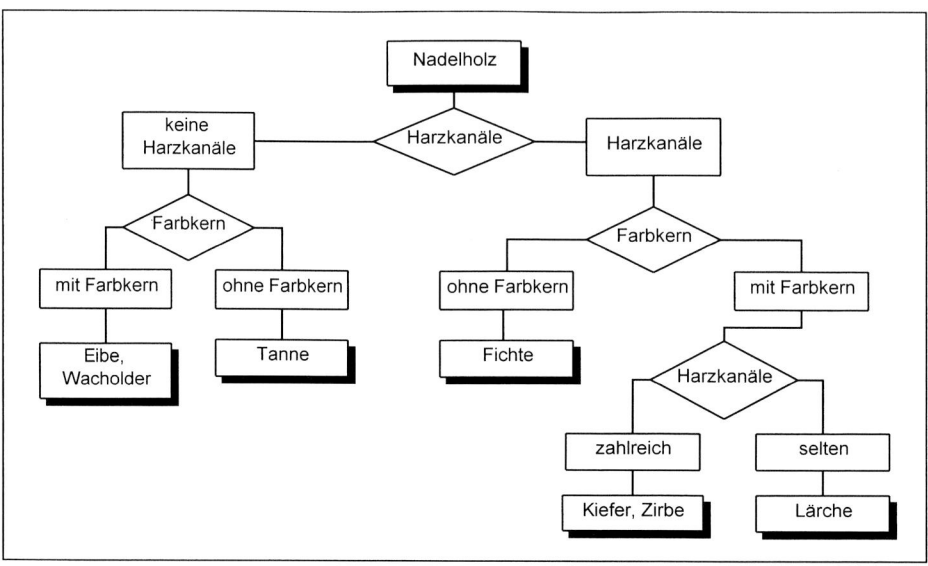

Abbildung 1-4 Bestimmung für Nadelhölzer (*Sachsse* /1/)

Tabelle 1-3   Bestimmungsmerkmale von Nadelhölzer (*Kisser* /5/)

Holzart	Weitere Bestimmungsmerkmale
Eibe	Eibenholz besitzt einen gelblichen schmalen Splint und einen rötlichbraunen, oft streifigen Kern. Die Jahresringe sind wellenförmig. Das Holz ist hart und schwer, im Gegensatz dazu ist Wacholder (Kern = weiß, Splint = rötlichgelb) weich.
Fichte	Das Holz ist gelblich- bis rötlichweiß, besitzt oft einen schwachen Glanz und ist ziemlich harzreich. Die Harzkanäle sind besonders im Spätholz als helle Punkte sichtbar. Der Übergang vom Früh- zum Spätholz im selben Jahresring verläuft allmählich, wobei der Spätholzanteil meist relativ schmal ist.
Kiefer (Föhre)	Bei der Weißkiefer (gemeiner Kiefer) ist der Splint breit und gelblichweiß, der stark nachdunkelnde Kern rotbraun. Früh- und Spätholz sind deutlich voneinander abgesetzt. Das Holz besitzt auffallend viele Harzkanäle. Bei der Schwarzkiefer ist der meist breite Splint gelblichweiß, der Kern rötlichbraun. Schwarzkiefer ist etwas dunkler und harzreicher als Weißkiefer. Die Äste besitzen eine deutlich rötliche Färbung.
Zirbe (Zirbelkiefer)	Der Splint ist schmal und gelblichweiß, der Kern rotbraun. Die Jahresringe sind sehr gleichförmig und deutlich. Das Holz besitzt viele große Harzkanäle und zahlreiche meist, braune Äste.
Lärche	Lärchenholz ist oft glänzend und besitzt einen schmalen, meist gelb- bis rötlichweißen Splint, der Kern ist meist rotbraun. Die Jahresringgrenzen sind sehr deutlich, die Äste sind im Gegensatz zum Kiefernholz in Holzfarbe. Die Lärche besitzt weniger Harzkanäle als die Föhre.
Tanne	Tannenholz hat eine gelbliche bis rötlichweiße Färbung. Die Jahresringgrenzen sind oft deutlicher und rötlicher als bei der Fichte, der Spätholzanteil ist relativ breit. Die Tanne besitzt schwarze Ausfalläste.

1.4 Laubhölzer

1.4.1 Ringporige Laubhölzer und halbringporige Hölzer

Bei den ringporigen Laubhölzern unterscheidet man nach der Größe der Poren und im weiteren nach den Holzstrahlen (Abbildung 1-5). Weitere Bestimmungsmerkmale für ringporige und halbringporige Laubhölzer sind in Tabelle 1-4 zusammengefaßt.

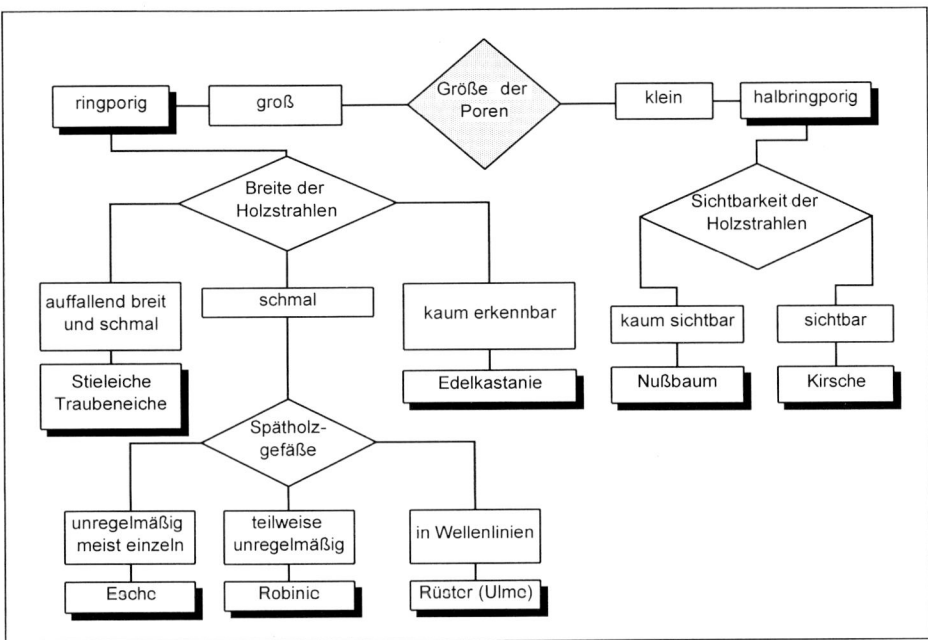

Abbildung 1-5 Bestimmungsschlüssel: ringporige und halbringporige Laubhölzer (*Sachsse* /1/)

Tabelle 1-4 Bestimmungsmerkmale für ring- und halbringporige Laubhölzer (*Kisser* /5/)

Holzart	Weitere Bestimmungsmerkmale
Traubeneiche	Das Splintholz ist gelblichweiß, das Kernholz gelbbraun bis braun. Die Poren im Frühholz und die Holzstrahlen sind deutlich sichtbar. Die großen Poren sind im Tangentialschnitt mit den Fingernägeln deutlich zu spüren. Die Holzstrahlen bilden im Radialschnitt große, auffällige, oft geschwungene Spiegel.
Stieleiche	Die Farbe des Kernholzes ist gelblich bis schwarzbraun, die des Splints meist hellgelb. Die Holzstrahlen sind breit und glänzend und eventuell näher beieinander als bei der Traubeneiche.
Edelkastanie	Die Poren im Frühholz sind deutlich sichtbar. Das Splintholz ist schmal und weiß, der Kern gelbbraun (ähnlich dem Eichenholz). Die Holzstrahlen sind weit weniger deutlich ausgeprägt als bei der Eiche.

Fortsetzung Tabelle 1-4

Esche	Im Frühholz sind die Poren deutlich sichtbar, das Spätholz besitzt charakteristische weiße Punkte. Der Splint von Eschenholz ist gelblichweiß, der Kern gelblichbraun. Die Holzstrahlen sind kaum sichtbar.
Ulme (Rüster)	Das junge Holz und der Splint sind weiß bis gelb, das Reifholz blaß rötlichbraun, das Kernholz rotbraun bis braun. Charakteristisch für das Holz sind parallel zu den Jahresringen verlaufende, meist wellenförmige, helle Linien.
Robinie	Das Splintholz ist deutlich gelb, der Kern grünbraun. Im Frühholz sind große Poren deutlich sichtbar, im Spätholz kleine Gefäße, die als Streifen erscheinen.
Kirsche	Kirschholz ist glänzend und besitzt einen schmalen rötlichen Splint und einen braunroten Kern. Die Holzstrahlen sind hell, gerade und deutlich sichtbar.
Walnuß	Der Splint ist grauweiß, der Kern graubraun, rötlich oder grünlichbraun. Die Holzstrahlen sind schlecht, die breiten Jahresringe gut erkennbar.

1.4.2 Zerstreutporige Laubhölzer

Das wichtigste Unterscheidungsmerkmal zerstreutporiger Hölzer sind die Holzstrahlen. Als erste Unterscheidung dient die Breite der Holzstrahlen, im weiteren wird der Kontrast (Sichtbarkeit) der Holzstrahlen zur Bestimmung herangezogen (Abbildung 1-6). Tabelle 1-5 enthält weitere Bestimmungsmerkmale für zerstreutporige Laubhölzer.

Tabelle 1-5   Bestimmungsmerkmale für zerstreutporige Laubhölzer (*Kisser* /5/)

Holzart	Weitere Bestimmungsmerkmale
Bergahorn	Die Farbe ist gelblich weiß, die Jahresringe sind mit dem freien Auge nur undeutlich erkennbar. Die Holzstrahlen sind deutlich, aber sehr fein und eng nebeneinander liegend. Am Radialschnitt werden deutliche Spiegel ausgebildet.
Spitzahorn	Die Farbe des Spitzahorns ist fast weiß.
Birke	Junges Birkenholz ist weiß und glänzend, später dunkelt es gelblich bis rötlich nach. Die Jahresringe sind deutlich, die Poren und Holzstrahlen kaum sichtbar.
Birne	Das frische Holz ist fast weiß, älteres rötlichbraun, manchmal geflammt und wirkt leicht mehlig. Die Jahresringe sind meist deutlich, die sehr zarten Holzstrahlen sind kaum sichtbar. Die Poren sind erst mit Hilfe der Lupe sichtbar.
Erle	Der Splint ist rötlichweiß bis orange und dunkelt auf gelb bis rotbraun nach. Das Holz ist glänzend. Mit freiem Auge sind die Jahreringe und die breiten Holzstrahlen gut sichtbar.
Linde	Das Holz ist weiß bis gelblich mit rötlichbraunen Streifen und besitzt wenige, breite, gut sichtbare Holzstrahlen. Die Jahresringe sind deutlich.
Schwarzpappel	Weißes, nach dem Kern zu brauner werdendes Holz mit deutlichen Jahresringen.
Zitterpappel (Espe)	Der Splint ist gelblich bis rötlichweiß, der Kern hellbraun bis grünbraun, das Mark ist oft grünlich. Die dicken Jahresringe sind schwer, die Holzstrahlen mit freiem Auge nicht zu unterscheiden.
Rotbuche	Der Splint und Kern sind weißlich bis rötlichbraun. Die Jahresringe und Holzstrahlen sind mit freiem Auge leicht erkennbar. Am Radial- und Tangentialschnitt erscheinen die Holzstrahlen als dunkle kurze Streifen.

Fortsetzung Tabelle 1-5

Holzart	Weitere Bestimmungsmerkmale
Weide	Das Kernholz ist schmutzigrot bis braun, das Splintholz weiß und glänzend. Im Splint sind Jahresringe und Holzstrahlen deutlich erkennbar.
Weißbuche (Hainbuche)	Die Farbe ist weißgrau und dunkelt oft bräunlich nach. Die Jahresringe sind gut sichtbar und deutlich gewellt.

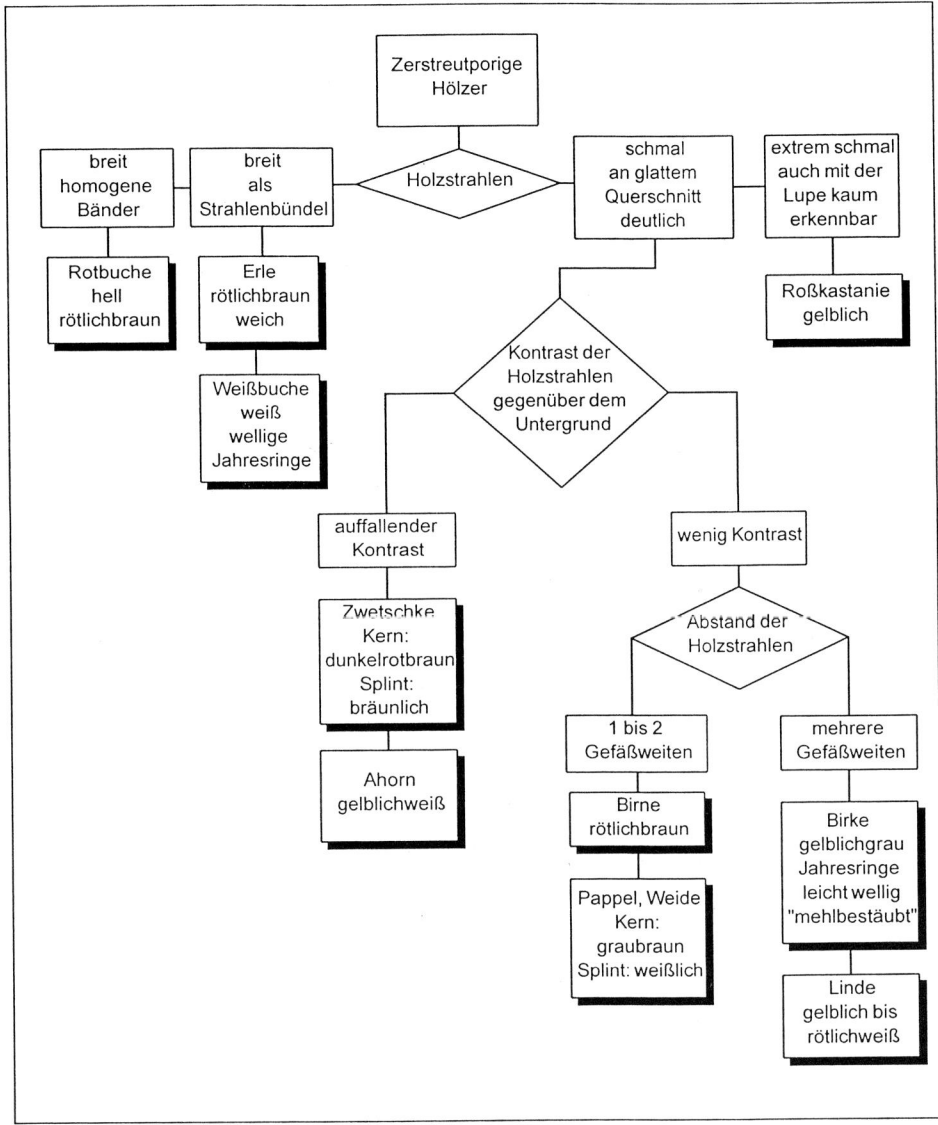

Abbildung 1-6 Bestimmungsschlüssel für zerstreutporige Hölzer (*Sachsse* /1/)

1.5 Technische Eigenschaften

1.5.1 Dichte, Härte Spaltbarkeit und Spaltfestigkeit

Frisch geschlagenes – *grünes* – Holz hat i.a. einen Feuchtegehalt zwischen 40 und 60 Masse-%. Beim Austrocknen wird zuerst das freie Wasser in den Zellhohlräumen abgegeben, danach verdunstet das Wasser aus den feineren Poren der wassergesättigten Fasern und Zellwände. Den Zustand, bei dem gerade noch kein Wasser aus den Zellwänden verdunstet, nennt man Fasersättigungsbereich.

Unter *darrtrocken* versteht man eine Trocknung bis zu 0 Masse-% Wasser durch Austreiben des Wassers auch aus den Zellwänden durch erhöhte Temperatur (105 °C).

Lufttrockenes Holz entsteht bei einer Trocknung bis zur Ausgleichsfeuchte im Freien, der Feuchtegehalt des Holzes beträgt dabei ca. 10 bis 20 Masse-% (vgl. Abbildung 1-7).

Die Härte von Holz wird nach *Janka* oder *Brinell* bestimmt. Die Härte der Hölzer variiert nicht nur zwischen den Holzarten, sondern auch innerhalb einer Holzart. Je nachdem ob ein engringiges oder weitringiges Stück als Probekörper zur Verfügung steht und wie geprüft wird, streuen die Meßwerte. Tabelle 1-6 zeigt eine Übersicht über die Benennung der Holzhärte und Beispiele dazu. Tabelle 1-7 zeigt die Holzhärte von heimischen Nutzhölzern /3/.

Tabelle 1-6   Einteilung der Härte von Holz

Holzhärte	Holzarten	Härte nach *Janka* in N/mm²
sehr weich	Fichte, Linde, Pappel, Zirbe	< 30
weich	Birke, Erle, Kiefer, Lärche, Tanne, Weide	30 – 50
mittelhart	Kirsche, Rüster	50 – 65
hart	Ahorn, Birne, Eibe, Eiche, Esche, Rotbuche, Walnuß	65 – 80
sehr hart	Robinie, Weißbuche, Steineiche	> 80

Tabelle 1-7   Rohdichte, Härte und Spaltbarkeit verschiedener Holzarten (*J. Kisser* /5/, Wagenführ /3/, eigene Untersuchungen)

Holzart	Rohdichte (Mittelwert) [kg/m³]			Härte (*Janka*) [N/mm²]		Spaltbarkeit
	darrtrocken	lufttrocken	grün	// Faser	⊥ Faser	
Ahorn	600 – 620	670 – 690	940 – 950	67	52	-
Birke	610 – 640	650	945	49		-
Birne	700	700	1020	79		-
Eibe		840	1030			-
Eiche	630 – 650	730	1075	69	45	+
Erle	490	540	815	44		+
Esche	650	710	850	76		-
Fichte	430	470	750	27	16	++

Fortsetzung Tabelle 1-7

Holzart	Rohdichte (Mittelwert) [kg/m³]			Härte (*Janka*) [N/mm²]		Spaltbarkeit
	darrtrocken	lufttrocken	grün	// Faser	⊥ Faser	
Weißkiefer Schwarzkiefer	480 – 490 560	500 600	700	30	25	+
Kirsche		665	850	51		-
Lärche	550	600	800	38	35	+
Linde	490 – 520	520	730	30		+
Schwarzpappel	410 – 430	450 – 470	850	32		+
Rotbuche	660 – 680	720	980	78	67	+
Tanne	410 – 430	475	950	34	18	++
Ulme	640	690	955	64	51	-
Walnuß	640	690	920	72	54	+
Weide	520	550	830	33		+
Weißbuche	790	820	1050	89	75	-
Zirbe	400	440		26		++

Die Spaltbarkeit ist eine Eigenschaft, die sich aufgrund der fasrigen Struktur des Holzes ergibt. Man versteht darunter den Widerstand gegen das Eindringen eines Keiles, wobei sehr gut spaltbares Holz glatte Spaltflächen zeigt. Des weiteren werden auch Untersuchungen durchgeführt, bei denen die Festigkeit gegen Spalten (Probekörper ähnlich Wäschekluppen werden auseinandergezogen) geprüft wird (Tabelle 1-8). Die Feuchte beeinflußt die Spaltbarkeit des Holzes, so besteht z.B. bei Eiche ein sehr großer Unterschied zwischen saftfrischem und trockenem Holz.

Tabelle 1-8 (*Hanausek* /4/, *Wagenführ* /3/, eigene Untersuchungen)

Spaltbarkeit	Holzarten	Spaltfestigkeit N/mm²
sehr gut spaltbar	Fichte, Tanne, Silberpappel	ca. ≤ 0,4
gut spaltbar	Lärche, Nußbaum, Rotbuche, Aspe, Erle, Kiefer, Linde, Eiche, Weide	ca. 0,4 – 0,9
schlecht spaltbar	Schwarzkiefer, Zwetschke, Ahorn, Esche, Birke, Birne, Ulme, Weißbuche, Eibe, Kirsche	ca. ≥ 0,9

1.5.2 Festigkeiten und Elastizitätsmodul der Hölzer

Die Werte für die Druckfestigkeit normal und parallel zur Faser, die Zugfestigkeit, die Biegefestigkeit, die Scherfestigkeit und der Elastizitätsmodul parallel zur Faser sind für die heimischen Nutzhölzer in Tabelle 1-9 zusammengestellt. Die Ergebnisse verdeutlichen die großen Sicherheitsbeiwerte die in den Normen für die Holzeigenschaften gewählt werden (z.B. ÖNORM B 4100/2: Zug- und Druckfestigkeit in Faserrichtung für Fichte 10 N/mm²).

Tabelle 1-9   Festigkeiten von Vollholz (J. *Kisser* / 5/, *Wagenführ* /3/, eigene Untersuchungen)

Holzart	Druck // [N/mm²]	Druck ⊥ [N/mm²]	Zug // [N/mm²]	Biegezug [N/mm²]	Abscherung // [N/mm²]	E- Modul // Faser [N/mm²]
Ahorn	58 – 62	10	82 – 100	112 – 137	9	10 300
Birke	43 – 51	x	137	125 – 147	12	16 500
Birne	46	9,6	x	79	x	8000
Traubeneiche	65	8,5	90	110	11	10 440
Stieleiche	65	8,2	90	88		11700 – 13000
Erle	47	6,5	x	85	4,5	7700
Esche	52	11	165	120	13	13 500
Fichte	50	5,8	90	78	6,7	10 000
Weißkiefer	55	7,7	104	100	10	11 700
Schwarzkiefer						13 400
Kirsche	45	6,1				10 000
Lärche	55	7,5	107	99	9	13 800
Linde	44	4,2	85	90	4,5	11500
Schwarzpappel	35	x	77	65	5	8800
Aspe	34,5	x	77	60	6	7800
Rotbuche	62	9	135	123	8	16 000
Tanne	47	4,7	84	73	5	11 000
Ulme (Rüster)	46	10	80	72	7	11 000
Walnuß		12				11 700
Weide	34	x	64	37	7	7200
Weißbuche	82	12	138	160	8,5	14 600
Zirbe	40	4,1	x	x	x	x

In der Praxis wird oft von elastischen, sowie weniger elastischen Hölzern gesprochen, wobei diese Eigenschaft nicht mit dem Elastizitätsmodul gleichzusetzen ist, sondern eher das Rückbiegeverhalten in Form der Rückbiegegeschwindigkeit beschreibt, d.h. es werden die viskoelastischen Eigenschaften des Holzes angesprochen. In Tabelle 1-10 sind die Hölzer entsprechend dieser Art der Bezeichnung zusammengestellt.

Tabelle 1-10 Elastizität heimischer Nutzhölzer (*Gayer* S.55 /2/)

sehr elastisch	Birke, Esche, Linde, Ulme, Nußbaum
elastisch	Ahorn, Buche, Eiche, Fichte
weniger elastisch	Erle, Weißbuche, Lärche, Tanne
sehr wenig elastisch	Kiefer, Pappel, Birne

Neben der Elastizität werden in der Praxis auch die *Biegsamkeit* und *Zähigkeit* des Holzes als Kennzeichnung herangezogen. Biegsame Hölzer können gebogen werden und brechen trotz dieser bleibenden Formveränderung nicht, ein bekanntes Beispiel dafür sind die Bugholzsessel aus Rotbuche. Ein Holz wird als zäh bezeichnet, wenn es sich oft hin und her biegen läßt, d.h. eine erhöhte Biegsamkeit aufweist, ohne zu brechen. Im Gegensatz zu zähem Holz wird solches, das beim hin- und herbiegen leicht bricht, als *spröde* oder *brüchig* bezeichnet. Im allgemeinen sind Laubhölzer biegsamer als Nadelhölzer, und der Splint ist zäher als der Kern, wobei die Biegsamkeit stark vom Wuchs des Holzes, evtl. von Holzfehlern und dem Feuchtegehalt abhängt. In Tabelle 1-11 sind heimische Nutzhölzer im Zusammenhang mit ihrer Biegsamkeit und Zähigkeit zusammengestellt.

Tabelle 1-11 Biegsamkeit und Zähigkeit von Holz (*Gayer* /2/)

biegsam	Eiche, Esche, Ulme, Kirsche, Rotbuche, Ahorn, Birke, Tanne
biegsam und zäh	Birke, Fichte, Stockausschläge von Weiden, Birke, Esche u.a.

1.5.3 Verhalten gegenüber Feuchte

Mit dem Feuchtegehalt des Holzes verändert sich das Volumen, wobei das Dehnungsverhalten von der jeweiligen Schnittrichtung abhängt ($\beta_{längs}$ = 0,1 bis 0,6; β_{rad} = 2,6 bis 5,9; β_{tang} = 6,2 bis 13,0). Zur zahlenmäßigen Beschreibung des Quell- und Schwindverhaltens von Holz verwendet man folgende Größen:

- maximales Quellmaß

- Trocknungsschwindmaß

- differentielle Quellung.

Das *maximale Quellmaß (max α)* gibt die Dehnung bei Befeuchtung von darrtrockenem Holz an; es wird auf die Länge im darrtrockenen Zustand bezogen.

Das *Trocknungsschwindmaß (lineares Schwindmaß β)* gibt das Schwinden bei Trocknung vom nassen auf den normalklimatisierten Zustand (20 °C, 65 % Luftfeuchtigkeit) an.

Die *differentielle Quellung* ist eine prozentuelle Größe und gibt das Quellmaß je 1 % Holzfeuchteänderung, im praktisch wichtigen Bereich zwischen 5 % und 20 % Holzfeuchte an. Damit läßt sich bei einer bekannten Holzfeuchteänderung die zugehörige Abmessungsänderung von Vollholzteilen überschlägig errechnen. Die differentielle Quellung in Längsrichtung liegt bei fast allen Hölzern bei 0,01 % je 1 % Feuchteänderung und wurde deshalb in Tabelle 1-13 nicht für die einzelnen Hölzer ausgeführt.

In der Praxis werden zur Beschreibung des Feuchteverhaltens von Holz noch weitere Begriffe verwendet (Tabelle 1-12). Durch das unterschiedliche Schwinden in den verschiedenen Schnittrichtungen beim Trocknen verdreht sich das Holz, was als „*Verwerfen*" des Holzes bezeichnet wird. Erfolgt der Trocknungsvorgang zu schnell, so kann dies zu Rissen im Holz führen. Geringes Schwinden nach der Verarbeitung wird in der Praxis als „*Stehen*" des Holzes bezeichnet.

Tabelle 1-12 Häufig verwendete Begriffe zum Feuchteverhalten von Holzes

Verhalten bei Feuchte	Arbeiten/Schwinden	Verwerfen	Neigung zu Rissen	Stehverhalten
wenig/gut	Lärche, Kiefer, Fichte, Ulme, Tanne, Pappel	Esche, Birne, Eibe, Lärche, Nußbaum	Erle, Nußbaum	Birne, Eibe, Eiche, Linde, Zirbe
mäßig/mittel	Ahorn, Birke, Esche, Birne, Erle, Eiche, Nußbaum,	Kiefer, Tanne, Pappel		Erle, Kiefer
stark/schlecht	Linde, Buche, Kirsche, Weißbuche	Rotbuche, Weißbuche, Ahorn, Birke, Fichte, Weide	Rotbuche, Weißbuche, Ahorn, Fichte, Ulme	Weißbuche, Ahorn, Fichte

Tabelle 1-13 Quell- und Schwindverhalten von Vollholz (*Wagenführ* /3/, *Kisser* /5/, eigene Untersuchungen)

Holzart	Differentielle Quellung q [% je 1% Holzfeuchteänderung]	
	radial	tangential
Ahorn	0,15	0,26
Birke	0,21	0,29
Birne	0,16	0,34
Eibe		
Eiche	0,18 – 0,19	0,34
Erle	0,16	0,26
Esche	0,19	0,34
Fichte	0,16 – 0,19	0,29 – 0,36
Kiefer	0,16 – 0,19	0,29 – 0,36
Kirsche	0,16	0,26
Lärche	0,14	0,29 – 0,30
Linde	0,21	0,30
Schwarzpappel	0,19	0,30
Kanad. Pappel	0,12	0,25
Rotbuche	0,20 – 0,21	0,41
Tanne	0,13 – 0,19	0,31 – 0,36
Ulme (Rüster)	0,18	0,29
Walnuß	0,19	0,27
Weide	0,14	0,24
Weißbuche (Hainbuche)	0,26	0,35
Zirbe	0,11	0,23

Trocknung und Raumklima

Der Feuchtigkeitsgehalt von Holz im verbauten Zustand paßt sich der relativen Luftfeuchtigkeit an. Man spricht in diesem Fall von einem Feuchtegleichgewicht. Das Feuchtegleichgewicht ist aufgrund der relativen Luftfeuchtigkeit von der Temperatur abhängig. Abbildung 1-7 zeigt den Verlauf des Feuchtegleichgewichtes für heimische Nutzhölzer bei 20 °C in Abhängigkeit von der relativen Luftfeuchtigkeit. Bei hoher Luftfeuchtigkeit ist die Holzfeuchte hoch, bei niederer Luftfeuchte ist auch die Holzfeuchte gering. Bei mittlerer Raumluftfeuchte liegt das Feuchtegleichgewicht bei ca. 10 bis 18 %.

Bei einer Änderung der Luftfeuchtigkeit ändern sich mit der Holzfeuchte auch die Masse, Abmessungen, Festigkeit und Verformbarkeit des Holzes. Es ist daher sehr wichtig das Holz bereits beim Einbau dem späteren Verwendungszweck anzupassen (z.B. Fußböden).

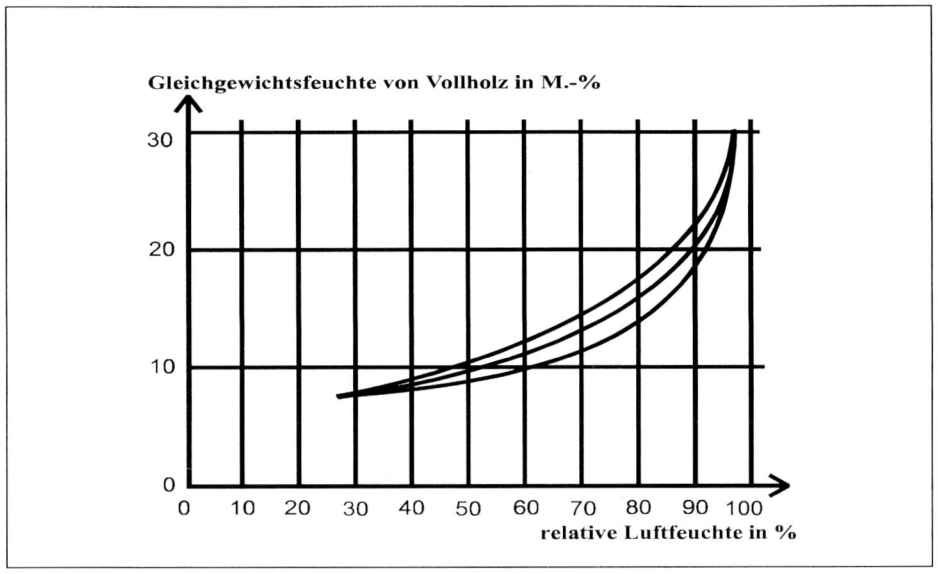

Abbildung 1-7   Gleichgewichtsfeuchte europäischer Hölzer für 20 °C Lufttemperatur (*Wesche* /7/)

Wasserdampfdiffusionswiderstandszahl

Die Wasserdampfdiffusionswiderstandszahl μ von Holz schwankt in Abhängigkeit von der Holzfeuchte innerhalb eines großen Bereichs; z.B. ist bei Fichtenholz mit einer Holzfeuchte von 10 % $\mu \approx 80$ und bei 20% $\mu \approx 10$. Sie ist vor allem von der Rohdichte, Struktur und der Faserrichtung des Holzes abhängt. Für die Berechnungen wird in den Normen meist ein Mittelwert für europäisches Bauholz mit $\mu = 50$ angenommen. Tabelle 1-14 zeigt einen Überblick über Messungen der Wasserdampfdiffusionswiderstandszahl heimischer Hölzer im Zusammenhang mit der Holzfeuchte.

Tabelle 1-14 Wasserdampfdiffusionswiderstandszahl heimischer Nutzhölzer

Holzart	μ [1]	Holzfeuchte φ [%]
Fichte	87,7	9,3
Weißkiefer	67,9	9,9
Lärche	302,4	10,2
Weymouthskiefer	112,3	9,2
Rotbuche	86,1	9,7
Eiche	140,1	10,4
Esche	139,7	10,1
Ahorn	70,7	10,0
Erle	87,8	9,1

1.5.4 Wärmetechnisches Verhalten

Wärmedehnung

Die Wärmeausdehnung von Holz ist von der Schnittrichtung abhängig. Sie ist jedoch relativ gering, und wird wegen des verhältnismäßig großen Schwindverhaltens von Holz meist nicht berücksichtigt. Richtwerte sind in Tabelle 1-15 zusammengestellt.

Tabelle 1-15 Thermische Ausdehnung von Holz (*R. Halasz* /14/)

	Thermischer Ausdehnungskoeffizient $\alpha_{th} \cdot 10^{-6}$
Faserrichtung	2,5 – 5,0
Radial	15 – 45
Tangential	30 – 60

Spezifische Wärmekapazität

Die spezifische Wärmekapazität von Holz, d.h. jene Wärmemenge, die benötigt wird um 1 kg Holz um 1 °C zu erwärmen, ist für darrtrockenes Holz 1,36 kJ/kg·K (*Wesche* /7/). In Abhängigkeit vom jeweiligen Feuchtegehalt des Holzes kann infolge der Berechnung mit der Mischregel (vgl. Abschnitt 3.2.7) mit einem Wert zwischen 1,6 und 2,0 kJ/kg·K gerechnet werden.

Wärmeleitfähigkeit der Hölzer

Die Wärmeleitfähigkeit jedes Materials ist von seinem Feuchtegehalt abhängig. Im praktisch relevanten Bereich liegt die Ausgleichsfeuchte von Holz zwischen 10 % und 20 %. Die dafür ermittelten Wärmeleitzahlen für die verschiedenen Holzarten sind in Tabelle 1-16 zusammengestellt. Spalte 2 enthält Werte aus Versuchen nach *Kisser* /5/, Spalte 3 und 4 enthält Rechenwerte nach den von *Wesche* /7/ angegebenen Formeln $\lambda_\perp = 0{,}168 \cdot \rho_{12} + 0{,}022$; bzw. $\lambda_{//} = 0{,}4 \cdot \rho_{12} + 0{,}022$. Für die praktische Berechnung wird meist bei einer Dichte von 600 kg/m³ ein Wert von $\lambda = 0{,}15$ W/m·K gewählt /13/.

Tabelle 1-16 Wärmeleitfähigkeit λ verschiedener Holzarten in lufttrockenem Zustand gemessen bzw. berechnet (*Kisser* /5/, *Wesche* /7/)

Holzart	Wärmeleitfähigkeit W/m·K	Wärmeleitzahl $\lambda_\perp$ W/m·K	Wärmeleitzahl $\lambda_{//}$ W/m·K
Ahorn	0,15	0,14	0,30
Birke		0,13	0,28
Birne		0,14	0,30
Eibe		0,16	0,36
Eiche	0,13 – 0,21	0,14	0,31
Erle		0,11	0,24
Esche	0,15	0,14	0,31
Fichte	0,09 – 0,12	0,10	0,21
Weißkiefer	0,12 – 0,14	0,11	0,22
Schwarzkiefer		0,12	0,26
Kirsche		0,13	0,29
Lärche	0,11 – 0,13	0,12	0,26
Linde		0,11	0,23
Pappel		0,10	0,20
Rotbuche	0,15 – 0,17	0,14	0,31
Tanne	0,10 – 0,13	0,10	0,21
Ulme (Rüster)	0,12	0,14	0,30
Walnuß	0,11	0,14	0,30
Weide		0,11	0,24
Weißbuche		0,16	0,35
Zirbe		0,10	0,20

Heizwert

Holz war zur Energiegewinnung über Jahrhunderte der wichtigste Rohstoff sowohl im privatem Bereich als auch für technische Prozesse. Der Heizwert von Holz ist stark vom Feuchtegehalt abhängig (Tabelle 1-17). Die Heizwerte (Energie/Masse) der verschiedenen Holzarten streuen dagegen nur in geringem Maße (Tabelle 1-18). Bei der Verwendung als Brennholz ist aber neben dem Heizwert die Dichte des Holzes, d.h. die Energie pro Festmeter Holz (Brennholzverkauf pro Festmeter) wesentlich. Ein wichtiges Kriterium für den Einsatz als Brennholz ist auch das Verhalten beim Brennen (Rußen und Spritzen der Flamme, Ascheanfall) und die Spaltbarkeit des Holzes.

Tabelle 1-17 Abhängigkeit des Heizwertes vom Feuchtegehalt des Holzes (*Kollmann* /6/)

Feuchteghalt in %	Heizwert in kcal	Heizwert in kJ	Heizwert in kW·h
0	4200	17585,4	4,885
20	3400	14235,8	3,954
40	2800	11723,6	3,257
80	2000	8374	2,326

Tabelle 1-18 Heizwerte von lufttrockenem Scheitholz bei 15% Wassergehalt und Heizwerte von Holz (*Gayer* /2/, **Krüger* /8/)

Holzart	Volumen-bezogener Heizwert 10^6 kJ/fm	Volumen-bezogener Heizwert· kW·h/fm	Dichte kg/m³	Heizwert kJ/kg	Heizwert kWh/kg	Eigenschaften beim brennen
Ahorn	9,8	2733,2	675	14577,0	4,08	Bergahorn (hoher Heizwert), Feldahorn wird weniger verwendet
Birke	9,4	2605,2	665	14103,6	3,9	brennt mit lebhafter Flamme, gibt schnell Hitze ab (Ruß als Pigment)
Rotbuche	11,3	3128,6	720	15643,1	4,3	geringer Ascheanfall, typisches Brennholz für Holzöfen
Eiche	12,0	3303,18	690	17233,4	4,8	stark rußende Flamme (in trockenem Zustand sehr brandbeständig)
Schwarzerle	9,2	2561,2	530	17397,0**	4,8	brennt im grünen Zustand
Esche	11,2	3117,0	690	16262,6	4,5	
Fichte	7,7	2151,7	470	16480,7	4,6	rasche Hitzeabgabe, verbrennt relativ rasch, zum Anheizen
Kiefer	9,2	2547,1	510	17979,5	5,0	schnelle, anhaltende Hitze (gute Kohle)
Lärche	9,3	2593,6	590	15825,4	4,4	
Linde	9,6	2655,0	530	18033,4**	5,0	(Kohle als Filter oder Zeichenkohle)
Schwarzpappel	· 8,0	2225,4	450	17803,1**	5,0	
Tanne	7,5	2070,2	470	15857,2	4,49	praßelt, raucht und rußt
Ulme	10,3	2861,1	680	15147,1	4,2	schwer spaltbar, erlischt bei unzureichender Luftzufuhr
Weide	9,8	2735,5	560	17585,4**	4,9	
Weißbuche	11,6	3210,0	830	13923,0	3,9	schwer spaltbar

1.6 Zusammensetzung – ökologische Eigenschaften

Bei der chemischen Analyse von Holz ist die Analyse der einzelnen Elemente von geringerer Bedeutung als die Untersuchung der Anteile der verschiedenen chemischen Verbindungen (Tabelle 1-19).

Tabelle 1-19 Zusammensetzung von Holz in Masseprozent (*Wesche* /7/, *Gayer* /2/)

Zusammensetzung nach chemischen Elementen	
Kohlenstoff	48 % – 51 %
Sauerstoff	43 % – 45 %
Wasserstoff	5 % – 6 %
Stickstoff	0,04 % – 0,26 %
Mineralsubstanzen	0,2 % – 0,6 %
Zusammensetzung nach chemischen Verbindungen	
Cellulose	30 – 60 %
Hemicellulose	15 – 40 %
Lignin Nadelhölzer	26 – 31 %,
Laubhölzer	20 – 25 %
Nebenbestandteile (Fette, Öle, Wachse, Harze, Stärke, Zucker, Mineralstoffe, Gerbstoffe, Farbstoffe und Alkaloide)	2 – 7 %
Wasser (Bauholz)	10 – 20 %

Der Hauptbestandteil, die *Cellulose* ein polymeres Kohlehydrat, besteht aus bis zu 14 000 Glucose-Einheiten und dient als Gerüststoff im Holz. Die langen Molekülketten der Cellulose sind vielfach in sich gefaltet, die antiparallelen Abschnitte sind durch Wasserstoffbrücken miteinander verknüpft. Dadurch entsteht eine faserige Struktur, welche die hohe Zug- und Biegezugfestigkeit und die gute Elastizität von Holz bewirkt.

Die *begleitende Cellulose* (Hemicellulose) wirkt wie die Cellulose als Gerüststoff, sie wird jedoch im Gegensatz zur Cellulose leicht von Schädlingen befallen.

Lignin besteht aus einem hochmolekularen Benzolderivat (aromatische Verbindung mit unterschiedlichen Seitenketten) und dient als Kittstoff. Es besitzt durch den höheren Gehalt an Kohlenstoff (ca. 65 %) eine höhere Dichte als Cellulose. Lignine sind quellbar, thermoplastisch und reagieren auf den Einfluß von Chemikalien empfindlicher als Cellulose. Gegen Ende des Zellenwachstums wird das Lignin als Kittstoff in das Cellulosegerüst eingefügt und bewirkt die Verholzung. Damit ist es vor allem für die Druckfestigkeit des Holzes verantwortlich.

Zu den *Nebenbestandteilen* des Holzes zählen Wachse, Harze, Fette, Stärke und Mineralien, die in allen Holzarten enthalten sind. Sie sind gemeinsam mit den Gerbstoffen für die Dauerhaftigkeit des Holzes verantwortlich. Tabelle 1-20 gibt eine Übersicht der Bestandteile der Hölzer.

Tabelle 1-20 Bestandteile der Hölzer (*Gayer* /2/ und *Wagenführ* /3/)

Holzart	Cellulose	Hemi-Cellulose	Lignin	Harz	Fett, Wachs	Stärke	Gerb-stoffe	Mineralien
Ahorn	38	20	25			3 – 7		0,4
Spitzahorn	38	20	25			2 – 3		0,4
Birke	42	27	25	2	2	< 1		0,4
Birne	44	26	25	4				0,44
Stieleiche	41	19	29	0,4		1 – 2	13	0,22
Erle	43	23	25	0,87	2,8	1 – 2	2,5	0,5
Esche	45	27	21	0,5	0,4	2 – 3		0,5
Fichte	58	11	28	2				0,4
Kiefer	58	11	26	4	0,8			0,4
Kirsche								
Lärche	34	4	30	4			10	0,2
Linde	43	20	18	3,9	3,6			0,5
Schwarzpappel	48	23	22	1,4	2,7			1
kanad. Pappel	49	22	21					
Rotbuche	53	15	23	0,4	<3,5	1		<1,2
Tanne	41	25	30	0,9				0,3
Ulme (Rüster)	43	22	27		2,6	3 – 7		0,75
Walnuß	41	13	29	5	4,4	< 1		0,8
Weide	37	19	27	1,2	2			0,43
Weißbuche	43	27	23		2			0,5
Zirbe	44		27					0,35

Ökologische Eigenschaften

Bei den ökologischen Eigenschaften von Holz, ist zwischen unbehandeltem und mit Konservierungsmitteln oder Anstrichen behandeltem Holz zu unterscheiden. Auch Holzwerkstoffe müssen gesondert betrachtet werden. Zur ökologischen Charakterisierung sind dabei die jeweiligen Eigenschaften der Konservierungsmittel bzw. Leime zu untersuchen. Bei vielen Anwendungen von Massivholz sind bei geeigneter Wahl der Hölzer und einer durchdachten Konstruktion (konstruktiver Holzschutz) keine Konservierungsmittel erforderlich.

Die ökologischen Daten für Massivholz sind vom Standort, der Art der Bewirtschaftung, dem Schlägerungszeitpunkt, dem Transport zur Weiterverarbeitung im Sägewerk, zum weiterverarbeitenden Werk und den dort durchgeführten Maßnahmen abhängig. Es können daher im Rahmen dieser Ausführungen nur Richtgrößen angegeben werden, die im Einzelfall zu überprüfen sind. Im Rahmen dieser Betrachtung wird der Bilanzrahmen lediglich bis zur Holztrocknung geführt. Energie- und Stoffströme der weiterverarbeitenden Industrie und die dabei anfallenden Transporte werden nicht mit in die Betrachtung einbezogen. Der Lebensweg von Massivholz ist in Tabelle 1-21 dargestellt. Tabelle 1-22 enthält gesundheitliche Schäden, die bei der Verarbeitung von Holz entstehen können.

Tabelle 1-21 Lebensweg von Holz (Fichte ρ = 450 kg/m³)

Lebenszyklus	Umwelt-charakteristik	Energiebedarf [kWh]	Anmerkungen
Verfügbarkeit	+	xxx	nachwachsende Rohstoffe (biotisch regenerierbar)
Herstellung	+	$\approx$ 160/m³ $\approx$ 500/m³	Waldbewirtschaftung, Transport, Schneiden, Trocknen Die CO_2-Speicherung durch Holz kann als positiver Anteil der Ökobilanz gewertet werden.
Gebrauch	+	xxx	keine schädlichen Auswirkungen bekannt
Sanierung und Umbau	+	0,16 – 0,18 /m² für Lattung bzw. Sparren oder Kantholz	Lebensdauer entsprechend der Verwendung und der Holzart. Der Austausch Schadhafter Hölzer ist möglich, Veränderungen in der Konstruktion sind vom Tragsystem abhängig. Bei der Verarbeitung von Hölzern sind gesundheitliche Schäden möglich (Tabelle 1-22).
Abbruch	+	0,007/m² für Lattung 0,044/m² für Sparren oder Kantholz	Für Abbrucharbeiten ist neben den Transportkosten, der Aufwand an menschlicher Energie einzusetzen.
Recycling	+		unbehandeltes Holz kann verbrannt oder kompostiert werden, Schadstoffe bei der Verbrennung entstehen entsprechend Tabelle 1-23.
Transport	+		Bei der Verwendung regional verfügbarer Materialien ist der Energieaufwand sehr gering.

+ ... ökologisch günstig; 0 ... ökologischer Standard; - ökologisch ungünstig

Tabelle 1-22 Mögliche gesundheitliche Auswirkungen bei der Holzverarbeitung (*Sell* /10/, *Zwiener* /12/)

Hautreizungen	Eibe, Kiefer, Birke, Buche, Erle, Pappel
Schleimhautreizungen	Fichte, Lärche, Eiche
Auslösung von Asthma	Tanne, Rotbuche, Eiche, Nußbaum
Dermatitis	Erle
Krebserregendes Potential lungengängiger Fasern	Eiche, Rotbuche

Tabelle 1-23 Emissionen bei der Verbrennung von Holz (*Siegl* S.65 /11/)

	SO_2 [kg/TJ]	NO_x [kg/TJ]	Staub [kg/TJ]	CO_2 [Mg/TJ]	PaB [1] [g/TJ]
Holz (privat)	30	60	100	300	n.b.
Holz (industr.)	100	640	100	130	130

[1] PaB Benzo(a)Pyren, typisch krebserregender Stoff

Wie bei allen Pflanzen wird auch bei Holz die Speicherwirkung von CO_2 als positiver Beitrag innerhalb der Stoffbilanz gewertet. Die Möglichkeit einer nachhaltigen Bewirtschaftung in Bezug auf die Stoffressourcen und der Kompostierung als Entsorgung fließen ebenfalls positiv in die Charakterisierung ein.

1.7 Dauerhaftigkeit, Eigenschaften zur Bearbeitbarkeit

Dauerhaftigkeit

Für viele Anwendungen ist die Dauerhaftigkeit von großer Bedeutung. Bei der Dauerhaftigkeit der Nutzhölzer sind verschiedene Arten zu unterscheiden (Tabelle 1-24):

- Beständigkeit gegen Feuchte – hier ist zu unterscheiden zwischen:

    ⇒ witterungsbeständig

    ⇒ beständig im Trockenen

    ⇒ beständig unter Wasser

- Beständigkeit gegen pflanzliche Schädlinge

- Beständigkeit gegen tierische Schädlinge

- Beständigkeit gegen Säure

- Abriebfestigkeit, Verschleiß.

Die Dauerhaftigkeit der Hölzer ist aber nicht nur von der Holzart und ihren Inhaltsstoffen abhängig, großen Einfluß auf die Beständigkeit haben auch die Breite der Jahresringe, der Kern- oder Splintholzanteil, der Saftgehalt der Hölzer, aber auch die Fällzeit und die darauffolgende Trocknungsphase.

Tabelle 1-24 Beständigkeit heimischer Nutzhölzert (*Krüger* /8/, *Wagenführ/Scheiber* /3/)
(++ sehr gut, + gut, 0 mittel, - schlecht, -- sehr schlecht)

Holzart	Beständigkeit gegen Feuchte			Beständigkeit gegen Schädlinge		Abnutzungs-widerstand
	bei Bewitterung	im trockenen	unter Wasser	pflanzliche	tierische	bezogen auf Buche
Ahorn	-	+	-	--	--	2,94
Birke	-	-	-	-	-	0,93
Birne	-	+	-	-	-	1,20
Eibe		++		-	-	
Traubeneiche Stieleiche	++	++	++	Splint = - Kern ++	Splint = - Kern ++	1,56
Erle	-	-	++	-	-	3,34
Esche	0	-	-	-	-	1,53

Fortsetzung Tabelle 1-24

Holzart	Beständigkeit gegen Feuchte			Beständigkeit gegen Schädlinge		Abnutzungs-widerstand
	bei Bewitterung	im trockenen	unter Wasser	pflanzliche	tierische	bezogen auf Buche
Fichte	0	0	0	-	-	2,0
Kiefer	+	+	+	-	-	1,73
Kirsche	-	+	x	-	-	
Lärche	+	++	+	+	++	1,83
Linde	+	-	-	-	--	1,19
Schwarzpappel	-	-	-	-	-	2,46
Rotbuche	-	-	-	--	-	1,0
Tanne	+	0	+	-	-	2,36
Ulme (Rüster)	++	++	+		Splint -	1,49
Walnuß	+	+	x	Kern +, Splint -	Kern 0, Splint -	2,5
Weide	-	-	-	--	--	1,92
Weißbuche	+	+	++	-	-	2,32
Zirbe	+	+	+	-	-	

Eigenschaften zur Verarbeitung

Für die gestalterische Verwendung von Holz sind insbesondere die Farbe und die Möglichkeiten der Oberflächenbehandlung des Holzes von Bedeutung. Bei der Bearbeitung unterscheiden sich die Hölzer hinsichtlich ihrer Eigenschaften beim Beizen, Imprägnieren, Polieren, Lackieren, Nageln Schrauben, Leimen, Bohren Sägen, Hobeln und Drechseln (Tabelle 1-25).

Tabelle 1-25 Verarbeitungseigenschaften heimischer Nutzhölzer (++ sehr gut, + gut, 0 mittel, - schlecht, -- sehr schlecht) (*Breis u.a. /15/, Gayer /2/, Wagenführ/Scheiber /3/*)

Holzart	Holzfarbe		Beizen / Impnägnieren /	Fasern	Nageln / Schrauben /	Bohren / Sägen /
	Kern	Splint	Polieren / Lackieren	Art, Länge in mm	Leimen	Hobeln / Drechseln
Bergahorn	x	gelblichweiß	+/+/+/+	fein 0,9	0/0/0	+/+/+/+
Spitzahorn	x	rötlich		grob		
Birke	x	hellgelb bis goldbraun	+/+/+/+	fein 1,2	+/+/+	+/+/+/+
Birne	rötlichweiß bis rötlichbraun	rötlichweiß bis rötlichbraun	+/+/+/+	fein 1,0	+/+/+	+/+/++/++
Eibe	rötlichbraun	gelblich	++/+/+/ ++	1,9	0/0/+	+/+/++/++

Fortsetzung Tabelle 1-25

Holzart	Holzfarbe		Beizen / Impnägnieren / Polieren / Lackieren	Fasern Art, Länge in mm	Nageln / Schrauben / Leimen	Bohren / Sägen / Hobeln / Drechseln
	Kern	Splint				
Trauben-eiche	gelbbraun bis schwarzbraun	gelb	0/0/+/ +		0/0/+	+/+/+/0
Stieleiche			0/0/+/+ (benötigt Porenfüller)	grob 1,0		
Erle	x	rötlichweiß bis Orange	++/++/+/+	grob 1,0	+/+/+	+/+/+/+
Esche	rötlichweiß bis hellbraun	gelblich bis rötlichweiß	-/-/+/+ (evtl. Porenfüller)	fein 0,9	0/0/+	+/+0/0
Fichte	gelblich		+/+/-/0	grob 5,0	+/+/+/	+/+/+/+
Kiefer	rotbraun	hellgelb (breit)	+/+/+/+	grob 3,5	+/+/+/	+/+/+/+
Kirsche	rötlichbraun bis gelbrot	etwas heller als der Kern (schmal)	++/++/++/++	fein 1,1	+/+/+/	++/++/++/+ +
Lärche	gelb- bis rotbraun	gelb bis rötlichweiß	0/0/+/+	grob 3,4	0/+/+	+/+/+/+
Linde	gelblich bis rötlichbraune Streifen	x	+/+/+/+	grob 0,9	+/+/+	+/+/+/++
Pappel	grünbraun	weiß	+/+/-/-	grob 1,3	+/+/+	0/0/-/-
Rotbuche	gelblichrot bis rotbraun	x	+/0/+/+	fein 1,1	0/0/+	0/0/+/+
Tanne	gräulich bis rötlichweiß	x	+/+/0/0	grob 4,0	+/+/	+/+/0/+
Ulme (Rüster)	hellbraun bis graubraun	gelblichweiß bis grau	+/+/+/+ (evtl. Porenfüller)	grob 1,2	0/0/0	0/0/0/0
Walnuß	braun bis schwarzbraun	grauweiß und braun	++/+/++/++	fein 1,3	+/+/+	+/+/+/++
Weide	hellrot bis braun	weiß (schmal)	+/+/-/-	grob 1,0	+/+/+	0/0/0/-
Weißbuche	x	gelblichweiß bis hellgrau	0/0/0/0	fein 1,1	-/-/0	-/-/-/-
Zirbe	rötlichbraun	hellgelb (schmal)	+/+/-/-	grob 3,0	+/+/+	+/+/+/++

In Tabelle 1-26 sind für einzelne Hölzer die, für die Verwendung ausschlaggebenden Eigenschaften, und Beispiele für die daraus folgenden möglichen Anwendungen gegenübergestellt.

Tabelle 1-26 Holzarten Eigenschaften und typische Anwendungen (*Breis* /15/, *Krüger* /8/, *Gayer* /2/)

Holzart	Haupteigenschaften	Verwendung
Ahorn	hart, reibfest, elastisch, kurzfaserig, leicht zu bearbeiten	Fußböden, Möbelbau (Furniere), Schnitzarbeiten, Drechslerarbeiten, Küchenholz (Kochlöffel, Bretter etc.), Instrumentenbau
Birke	weich, zäh, grobfaserig, elastisch, gut biegsam, leicht zu bearbeiten	Furniere und Sperrholz, Schnitzarbeiten
Birne	hart, zäh, kurzfaserig, dicht, gut zu beizen und lackieren, geringes verwerfen	Furniere, Schnitzholz, Lineale, Instrumentenbau
Eiche	hart, dicht, grobfaserig, elastisch, gut zu bearbeiten, hohe Festigkeit, Verfärbung durch Eisen, sehr dauerhaft unter Wasser	Konstruktionsteile, Stiegen, Schwellen, Fußböden, Fenster, Türen, Möbeltischlerei, Fässer, Schiffsbau
Erle	weich, elastisch, leicht zu bearbeiten und beizen, sehr dauerhaft unter Wasser	Grund- und Wasserbauten, Brunnen, Viehtröge, Wasserleitungsrohre, Blindholz, Sperrholz, Modelltischlerei
Esche	hart, fein- und langfaserig, elastisch, zäh, gut zu bearbeiten Kern = spröde, hohe Festigkeit	Fußböden, Möbelbau (Furniere), Turngeräte, Ruder, (Hammer-)stiele, Drechslerholz
Fichte	mittlere Härte und Festigkeit, leicht, elastisch, gut spaltbar, leicht zu bearbeiten zu beizen und imprägnieren	Bauholz, Innenausbau, Möbeltischlerei (Leisten, Bauernmöbel), Instrumentenbau (Resonanzhölzer), Wagnerei, Böttcherei, Spaltwaren, Zellstoff, Holzwolle
Kiefer	mäßig hart, mittelschwer, grobfaserig, gut zu bearbeiten	Fenster, Türen, Möbelbau, Brunnenrohre, Erd- und Wasserbauten, Grubenholz, Eisenbahnschwellen, Pflasterstöckel, Mühlenbau
Kirsche	hart, zäh, schwer spaltbar, grobfaserig, gut zu bearbeiten und zu beizen	Möbelbau (Furniere), Drechslerarbeiten
Lärche	dauerhaft gegen Wurmfraß, dauerhaft gegen wechselnde Nässe, mittelhart, leicht zu bearbeiten, biegefest, säurebeständig	Wasserbau, Innenausbau (Fußböden), Möbel (Bauernmöbel), Dachschindel
Linde	sehr weich, dicht, ziemlich elastisch und gut zu bearbeiten	Schnitzholz, Drechslerholz, Blindfurniere, Zeichenbretter
Pappel	sehr weich, langfaserig, gut spaltbar, wenig schwindend, hohe Abnutzungsfestigkeit, beim Hobeln filzig	Mulden, Backtröge, Tischlerholz für Blindfurnier und Blindholz, Drechsler- und Splintholz, Spinnräder, Instrumentenbau
Rotbuche	hart, dicht, zäh, wenig elastisch, gut zu bearbeiten und zu beizen, gut zu biegen, hohe Festigkeit	Fußböden, Furniere und Sperrholz, Bugholzmöbel, Werkbänke und Werkzeuggriffe, Haushaltsgeräte und Spielwaren, Brennholz
Tanne	geringer Harzgehalt, gut zu beizen und imprägnieren	Möbel, Instrumentenbau
Ulme (Rüster)	hart, elastisch, langfaserig, schwer spaltbar, der Kern ist witterungsfest, geringes Schwindmaß	Möbelbau (Furniere, Tischplatten), Wasserbau, Fußböden, Wagnerei

Fortsetzung Tabelle 1-26

Holzart	Haupteigenschaften	Verwendung
Walnuß	mäßig hart, feinfaserig, elastisch, zäh, biegsam, gering schwindend, gut zu bearbeiten, Gerbsäurehältig	Möbelbau (Furniere, Massivholzmöbel) Schnitzholz
Weide	sehr weich, zäh und biegsam, wenig elastisch, leicht spaltbar, gut zu bearbeiten und beizen	nicht als Bauholz, vor allem Flechtarbeiten
Weißbuche (Hainbuche)	sehr, hart, zäh, elastisch, abriebfest, schwer zu spalten, hohe Scherfestigkeit, schwer zu bearbeiten, gut zu beizen, hohe Festigkeit	Maschinenteile und Werkzeuge (Hefte, Hammerstiele etc.)
Zirbe	dauerhaft gegen Wurmfraß, gut zu bearbeiten, schwindet wenig	Bauernmöbel und Vertäfelungen, Schnitzarbeiten

2 NATURSTEINE

2.1 Einleitung

Im Bauwesen werden Steine, die in der Natur vorkommen und speziell für die Verwendung als Bausteine gewonnen werden, als Natursteine bezeichnet. Natursteine wurden seit je her als decken- und wandbildende Baustoffe und auch als Dekorationselemente im Zusammenhang mit der architektonischen Gestaltung verwendet. Wegen der großen Vielfalt der technischen Anwendungen von Natursteinen kann hier nur auf die Anwendung im Mauerwerksbau eingegangen werden. Verwendungsmöglichkeiten von Natursteinen im Bauwesen sind:

- Fundamente
- Wände (Wirtschaftsgebäude, Stallungen, Scheunen, Grundstücksbegrenzungen, Stützmauern)
- Säulen
- Gewölbe
- Brücken

- Wegebefestigungen
- Treppenstufen
- Fußbodenplatten
- vorgehängte Fassaden
- Gestaltungselemente an historischen Gebäuden.

2.2 Arten und Einteilungen von Natursteinen

Natursteine können nach verschiedenen Kriterien eingeteilt und bezeichnet werden. Im Rahmen dieser Betrachtung werden zwei Unterscheidungen verwendet:

- Bearbeitungsgrad
- Petrographie.

2.2.1 Einteilung nach dem Bearbeitungsgrad

Für die Verwendung im Mauerwerksbau werden die Steine nach der Art des Bearbeitungsgrades unterschieden:

- *Findlinge (Feldsteine)* sind größere bis mittelgroße, unregelmäßig geformte, meist abgerundete Natursteine. Mit ihnen läßt sich kein regelmäßiges Verbandsmauerwerk errichten.
- *Bruchsteine* werden im Steinbruch gewonnen, geringfügig oder gar nicht bearbeitet und können sofort in den Baukörper eingefügt werden.
- *Werksteine* sind ebenfalls im Steinbruch gewonnene und vom Steinmetz handwerksmäßig oder kunstgerecht zu einer bestimmten Form behauene Natursteine.

2.2.2 Petrographie

Die Petrographie ist die Lehre der Gesteinskunde und beschäftigt sich mit der Beschreibung, der Zusammensetzung und dem physikalischen Verhalten der Gesteine. Ziel der Petrographie ist die Benennung der auftretenden Gesteine und die Bestimmung ihrer Eigenschaften. Als Gesteine werden i.a. Verbände (Gemenge) von Mineralen (Mineralaggregate) bezeichnet.

Für den Bauingenieur oder Architekten sind dafür in diesem Zusammenhang Kenntnisse zu folgenden Fragen erforderlich:

- Welche Minerale gibt es, wie werden sie bestimmt, welche Eigenschaften besitzen sie ?

- Welche Gesteine beinhalten vorwiegend welche Minerale ?
  Im Zusammenhang damit: wie kann die große Anzahl der Gesteine in Gruppen zusammengefaßt werden um sie überschaubarer zu machen ?

Im Rahmen dieser Darstellung können nur einfache und grundlegende Informationen gebracht werden. Für eine detailliertere Darstellung sei auf die zu diesem Abschnitt angegebene Literatur verwiesen.

Minerale und ihre Bestimmung

Gesteine bestehen meist aus einem Gemenge mehrerer Mineralien. Zur Bestimmung der Minerale werden u.a. folgende Merkmale herangezogen:

- Farbe, Strichfarbe, Glanz

- Kristallform, Spaltbarkeit

- Härte

- chemische Zusammensetzung.

Zur Bestimmung der Minerale sind in Tabelle 2-1 Farbe, Bruch, Härte, chemische Zusammensetzung und Eigenschaften von wichtigen Mineralen zusammengestellt. Die hellen silikatischen Gemengeteile (z.B. Quarz) werden als felsisch, die dunklen Silikatminerale (z.B. Biotit, Augit, Hornblende) als mafisch (*Mafite*) bezeichnet.

Zu den *Foiden* (Feldspatvertreter) zählen u.a. die Minerale Sodalith und Nephelin. Sie treten im alkalischen (SiO_2 armen) Gesteinen, aber nie gemeinsam mit Quarz auf.

Zur Bestimmung der Härte von Natursteinen wird die der Mohs´schen Härteskala verwendet, die den Widerstand beschreibt, den ein Körper dem Eindringen eines anderen entgegensetzt (Tabelle 2-2).

Für die praktische Bestimmung sind in Tabelle 2-2 zusätzlich zu den für die Härtebestimmung typischen Mineralen (Spalte 2) weitere wichtige Minerale mit ihrer jeweiligen Strichfarbe angegeben (Spalte 4 bis 8).

Tabelle 2-1 Chemische Zusammensetzung und Beschreibung einiger wichtiger Minerale

Mineral-gruppe	häufige gesteins-bildende Minerale	Farbe, Bruch		Härte	chem. Formel
Quarz	Quarz als Gesteins-anteil	oft farblos oder weißlich, fett- bis glasglänzend, muschelig spröd brechend, Strich: weiß	nicht spaltbar, durchsichtig bis undurchsichtig, sehr wetterbeständig	7	SiO_2
	kristalliner Quarz	sechseckige Prismen, farblos, schwarz, braun, violett, rot, rosa, gelb	sehr wetterbeständig	7	SiO_2
	nicht- oder feinkristal-liner Quarz	grau, grün, rot braun, schwarz	sehr wetterbeständig	7	SiO_2
Feldspat	Kalifeldspat Orthoklas	rötlich bis tiefrot, trübweiß, gelblich oder rot, muschelig uneben, spröd brechend, Strich: weiß	gut rechtwinkelig (ortho) spaltend, als glitzernde Körner im Gestein (Perlmutterglanz)	6	$KAlSi_3O_8$
	Kalknatron-feldspat : Plagioklas	farblos, weiß, grau, grünlich, bläulich, muschelig, spröd uneben brechend, Strich: weiß	gut schief (plagio) spaltend, blatt-förmig aufeinanderliegende Kristalle (Perlmutterglanz)	6	Gemisch : $NaAlSi_3O_8$ od. $CaAl_2Si_2O_8$
Glimmer	Muskovit	farblos silbrig glänzend, in Blättchen spaltbar, elastisch, Strich: weiß	gut spaltbar, dursichtig bis durchscheinend	2 – 3	KAl_2O (OH od. F) (Al_2O_3) $3SiO_2$
	Biotit	schwarzgrün, schwarz, dunkelbraun, glänzend, in dünne Blättchen spaltbar, elastisch, Strich: weiß	gut spaltbar, durchscheinend bis undurchsichtig	2 – 3	$K(Mg, Fe)_3 \cdot$ (Si_3AlO_{10}) $(OH)_2$
Pyroxene	Augit	schwarz bis schwarzgrün, muschelig, uneben, spröd brechend,Strich: weiß bis graugrün	gedrungene Körner, schlecht spaltend, undursichtig, glasglänzend	5 – 6	$(Ca, Mg, Fe)_2 \cdot$ $[(Si,Al)_2O_6]$
Amphibole	Hornblende	dunkelgrün bis schwarz, glasglänzend, uneben spröd brechend, Strich: graugrün bis braun	gut spaltbar, durchscheinend bis undurchsichtig wetterbeständig	5 – 6	$2CaO \cdot 4(Mg$ od. Fe)O (Mg od. Fe)(OH)_2$ 8 SiO_2
	Olivin	gelbgrün bis graubraun, glänzend, muschelig und spröd brechend, Strich: weiß	durchsichtig	6,5	$(Mg, Fe)_2[SiO_4]$

Fortsetzung Tabelle 2-1

Tonminerale	Kaolinit	farblos	nur unter dem Mikroskop sichtbar		$Al_2O_3 \cdot 2SiO_2 \cdot 2H_2O$
	Montmoril-lonit	farblos	nur unter dem Mikroskop sichtbar		$Al_2O_3 \cdot 4SiO_2 \cdot 2H_2O$
	Illit	farblos (manchmal zart grünbraun)	nur unter dem Mikroskop sichtbar.		$(K,H_3O)Al_2[(OH)_2/AlSi_3O_{10}]$
Salzminerale Carbonate	Calcit (Kalkspat)	weiß oft verunreinigt – dann schwach gefärbt (gelblich, rötlich), glas- bis fettglänzend, muschelig, spröde brechend, Strich: weiß	gut spaltbar, durchsichtig bis undurchsichtig, braust mit verdünnter Salzsäure kräftig auf, wetter- aber nicht säurebeständig	3	$CaCO_3$
	Dolomit	weißlich, gelblich, grau, glänzend, muschelig spröd brechend, Strich: weiß	durchsichtig bis durchscheinend, weniger gut spaltbar, braust mit konzentrierter Salzsäure auf, wetter- aber nicht säurebeständig	3,5	$CaCO_3\ MgCO_3$
Salzminerale Sulfate	Anhydrit	weiß, farblos bis graublau, perlmutter- bis glasglänzend, muschelig spröd brechend, Strich: weiß	gut spaltbar, durchsichtig	3 – 3,5	$CaSO_4$ (Sulfat)
	Gips	weißlich bis grau, glasig bis seidenglänzend, dicht und kristallin, bricht muschelig fasrig spröde, Strich: weiß	gut spaltbar, durchsichtig bis undurchsichtig, nicht wetterfest, da schwach wasserlöslich	2	$CaSO_4 \cdot 2H_2O$

Tabelle 2-2 Mohssche Härteskala mit Beispiele von Mineralen mit ihren Strichfarben

Härte	typ. Minerale	Stellvertretendes Prüfverfahren	weiß	grau	gelb, orange, braun	rot	grün
1	Talk	wird vom Fingernagel geritzt	Talk	Graphit			
2	Gips	vom Fingernagel noch geritzt	Gips, Borax	Borax			
2,5			Biotit, Muskovit	Chlorit, Wismut	Chlorit	Zinnober, Kupfer	Chlorit
3	Calcit	mit dem Taschenmesser leicht zu ritzen	Calcit, Anhydrit				

Fortsetzung Tabelle 2-2

Härte	typ. Minerale	Stellvertretendes Prüfverfahren	weiß	grau	gelb, orange, braun	rot	grün
3,5			Dolomit-spat, Baryt	Dolomit-spat			Malachit
4	Flußspat	wird von Glas geritzt	Siderit	Siderit	Siderit, Manganit		Kupferkies
5	Apatit	wird von Stahl geritzt	Apatit				
5,5			Augit	Augit, Hornblende	Hornblende		Augit, Hornblende
6	Feldspat	ritzt Stahl, wird nicht vom Taschenmesser geritzt	Orthoklas, Plagioklas, Aktinolith	Magnetit	Hämatit	Hämatit	Aktinolith
6,5			Olivin	Epidot			Pyrit
7	Quarz	ritzt Glas, wird von Topas, Korund und Diamant geritzt	Quarz, Granat				
7,5			Beryll, Turmalin				
8	Topas	ritzt Glas, wird von Korund und Diamant geritzt	Topas				
9	Korund	ritzt Glas, wird von Diamant geritzt	Korund				
10	Diamant	ritzt Glas und alle Minerale					

Einteilung der Gesteine in Gruppen

Zur Unterteilung der Gesteine werden sie nach ihren unterschiedlichen Entstehungsformen eingeteilt:

- Magmagesteine (Erstarrungsgesteine)
- Sedimentgesteine (Absatzgesteine)
- Metamorphe Gesteine (Umprägungsgesteine).

Abbildung 2-1 zeigt einen Überblick über die Einteilung der Gesteine nach ihrer Entstehung und die verwendeten Untergruppen.

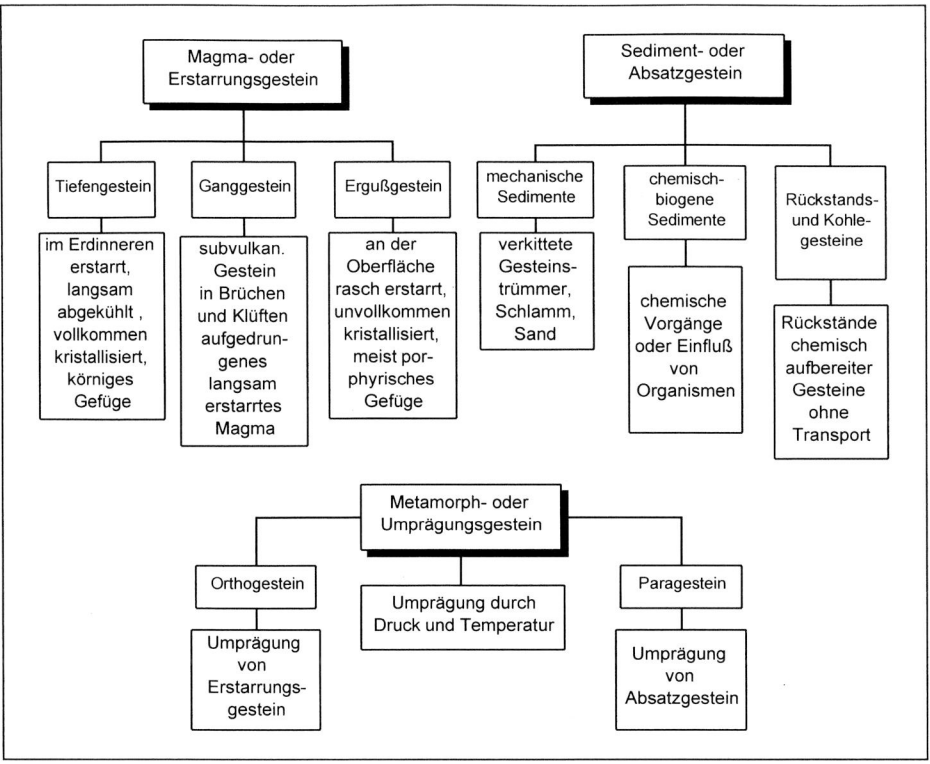

Abbildung 2-1 Überblick über die Einteilung der Gesteine nach der Entstehung

Minerale und Gesteine

Zur Bestimmung (Benennung) der Gesteine sind die Anteile der vorkommenden Minerale ausschlaggebend. Bei der praktischen Bestimmung der Gesteine werden vom Architekten und Ingenieure der Strich, die Bruchfläche, Härte und Gefüge als bestimmende Merkmale verwendet. Wie schon beim Holz erwähnt wurde, ist auch die Bestimmung von Gesteinen mit viel Übung und Erfahrung verbunden.

Beim Gefüge unterscheidet man im wesentlichen drei Arten:

- *Gefüge ohne Richtung:* die Minerale sind hier ohne erkennbare Orientierung angeordnet (Abbildung 2-2)

- *Gefüge mit Richtung:* die Ausbildung der Richtung kann sich durch Schichtung, Schieferung oder durch die gerichtete Anordnung von einzelen Mineralen oder Hohlräumen zeigen (Abbildung 2-3)

- *glasiges Gefüge:* das Gestein hat eine glasartige homogene Masse, mit muscheligem Bruch, bzw. handelt es sich um porenreiches und leichtes Gestein (Bims).

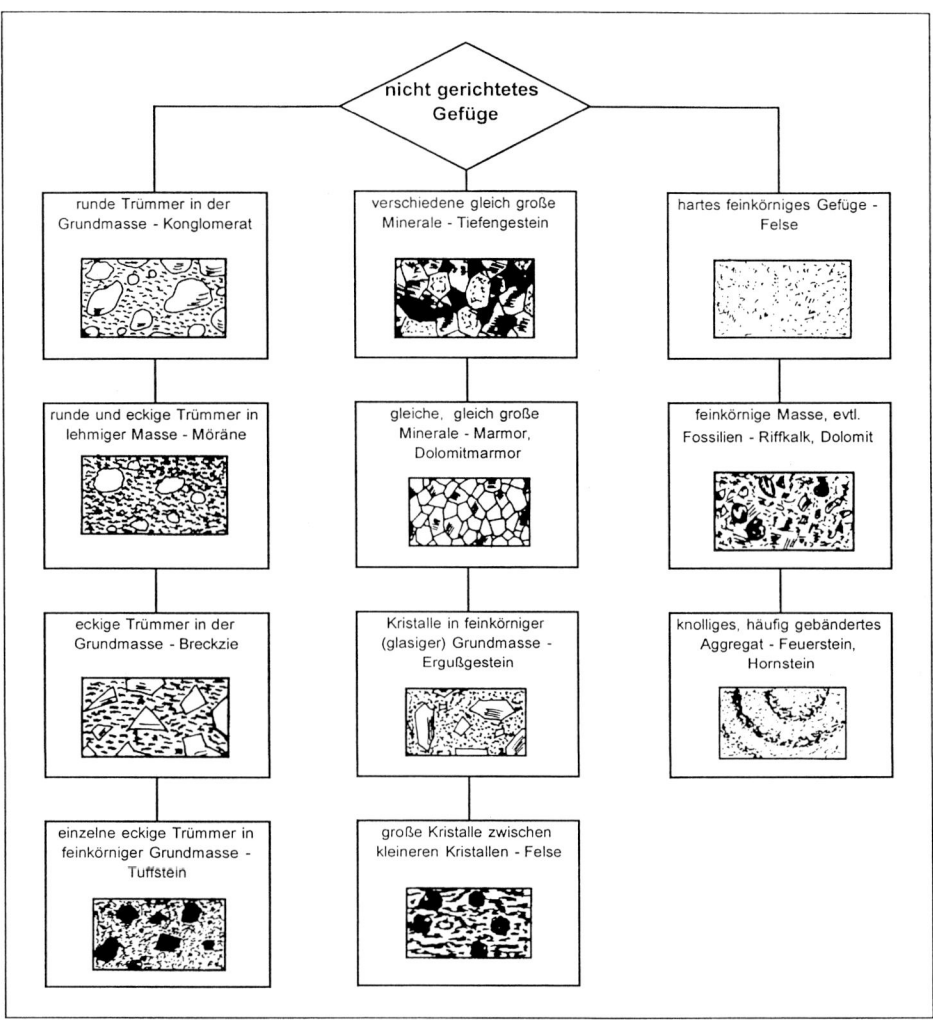

Abbildung 2-2 Gesteine mit nicht gerichtetem Gefüge /6/

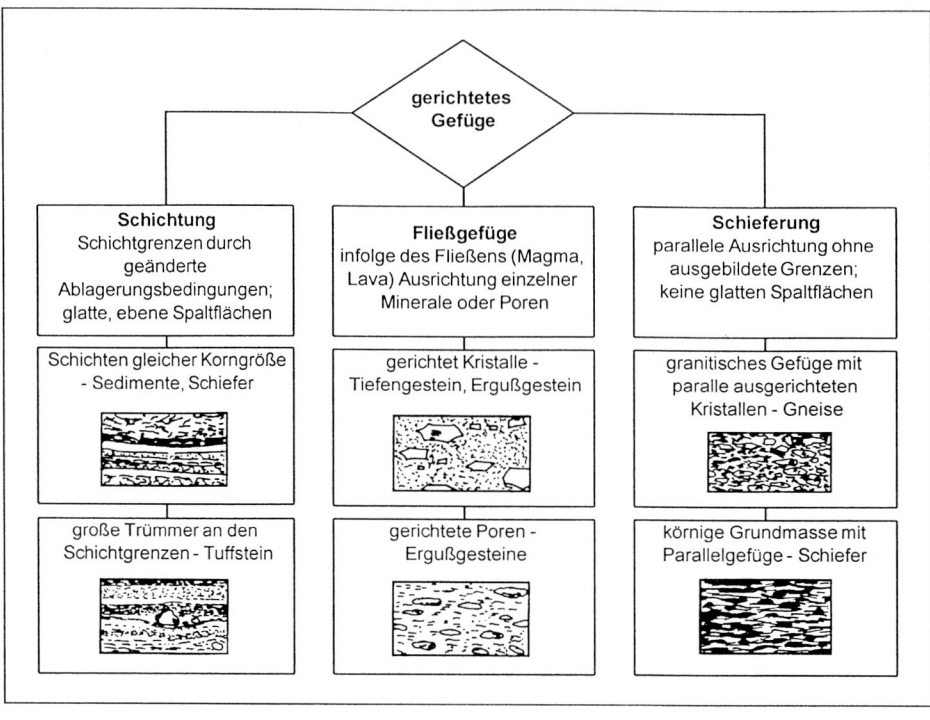

Abbildung 2-3 Gesteine mit gerichtetem Gefüge /6/

Die folgenden Tabellen (Tabelle 2-3 bis Tabelle 2-5) geben einen Überblick über wichtige Gesteine und ihre Mineralzusammensetzung.

Tabelle 2-3: Magmagesteine (Erstarrungsgesteine) (*Schumann* /6/)

Tiefengesteine	vollkommene Kristallisation, körniges Gefüge, keine ausgeprägte Richtung, keine Hohlräume, Mineralien vermischt	Hauptgemengteile	Nebengemengteile
	Granit	Quarz (20 – 60 %) Feldspäte (40 – 80 %)	Biotit, Muskovit, Hornblende
	Syenit	Feldspäte (80 – 100 %) Quarz (0 – 20 %)	Biotit, Pyroxene
	Diorit, Gabbro	Feldspäte (Plagioglas) (80 – 100 %) Quarz (0 – 20 %)	Hornblende, Pyroxene
Ganggesteine	gleiche Zusammensetzung, jedoch anderes Gefüge		
	Granitporphyr (Granit), Syenitporphyr (Syenit), Dioritporphyr (Diorit), Diabas (Gabbro)	gleiche chemische Zusammensetzung wie die entsprechenden Tiefengesteine	

Fortsetzung Tabelle 2-3

Ergußgesteine	unvollkommene Kristallisation, nur einzelne Kristalle voll ausgebildet (porphyrisch), dicht oder amorph, viele Hohlräume, häufig Fließstruktur		
	Quarzporphyr	Feldspat (40 – 80 %) Quarz (20 – 60 %)	Biotit, Magnetit
	Trachyt	Feldspäte (80 – 100 %) Quarz (0 – 20 %)	Pyroxene, Hornblende, Biotit
	Andesit, Basalt	Feldspäte (Plagioglas) (80 – 100 %) Quarz (0 – 20 %)	Hornblende, Pyroxene, Biotit
vulkanisches Lockermaterial	vulkanisches Glas, Bims, Schlacke, Perlit		
Tuffgestein (manchmal auch bei den Sedimenten)	Vulkanische Auswurfprodukte Tuffe sind Lockerprodukte Tuffgestein verfestigter vulkanischer Tuff Traß: Tuffgestein mit hydraulischen Eigenschaften (Tuff ist verfestigte Asche)		

Tabelle 2-4 Sedimente (Absatzgestein)

Sedimente	meist geschichtet, häufig mit Fossilen, Moränen sind nie geschichtet, Riffkalke selten geschichtet	Sedimentgesteine
mechanische Sedimente oder klastische Sedimente	Psephite Korngrößen > 2,0 mm Steine und Kies	Schutt, Schotter, Geröll, Konglomerat Brekzie, Nagelfluh
	Psammite Korngrößen 2,0 – 0,02 mm Grobschluff und Sande	Sande, Sandstein, Arkose, Grauwacke Kalksandstein
	Pelite ≤ 0,02 mm Ton bis Mittelschluff	Tone, Lehme, Mergel, Löß, Schieferton
chemische-biogene Sedimente	Verwitterungsneubildung, chemische Ausscheidung aus Lösungen (Neubildungen) oder unter dem Einfluß von Organismen gebildet	Ausscheidungsfolge: Kalk, Dolomit Gips, Anhydrit, Steinsalz, Kalisalz
	Kalkgesteine (Massenkalk, fossiler Kalk, Riffkalk, Kreidekalk) Kalksinter, Seekalk, Dolomit	Hauptbestandteil Calzit
	Salzgesteine: Steinsalz Gips	Halit Gips
Rückstandsgestein	Kaolin, Bauxit, Bentonit	
Kohlegestein	Torf, Braunkohle, Steinkohle, Graphit	

Tabelle 2-5 Metamorphe Gesteine (Umprägungsgesteine)

Metamorphe Gesteine	große Kristalle, häufig seidig glänzend, Schieferung, keine Hohlräume, keine Fossilien
Orthogesteine, aus magmatischem Ausgangsgestein	Beispiele einer metamorphen Entstehungsreihe (aus einem basischem Magmatit z.B. Basalt oder Gabbro) z.B. metamorphe Reihe: schwach metamorph: Grünschiefer mittel metamorph: Amphibolit hoch metamorph: Eklogit
Paragesteine, aus sedimentärem Ausgangsgestein	Metamorphe Reihe: schwach metamorph: Phyllit mittel metamorph: Amphibolith hoch metamorph: Paragneis

Die Zuordnung von Ortho- und Paragesteinen ist in der Praxis kaum möglich, da Metamorphgesteine zuweilen aus unterschiedlichen Muttergesteinen hervorgegangen sein können. Man wählt daher für die Praxis folgende Einteilung (Tabelle 2-6). Der Glimmeranteil ist hier ein wichtiges Unterscheidungsmerkmal zwischen Gneis und Schiefer.

Tabelle 2-6 Einteilung von Metamorphgesteinen für die Praxis (*Schumann* /6/)

		Hauptanteile	Nebenanteile
Gneise	Minerale mittel bis grobkörnig, Schieferung schwach bis deutlich, mittel bis dicke Spaltplatten		
	Gneis (Ortho-, Paragneis)	Feldspäte (> 20 %), Quarz	Biotit, Muskovit, Hornblende, Cordierit, Granate, Sillimanit
Schiefer-Familie	plattige Mineralausbildung und deutliche Schieferung mit dünnen Spaltplatten	Glimmer, Tonminerale, u.a.	
	Phyllit	Glimmer (Serizit = Muskovitart), Quarz	Biotit, Feldspäte, Chlorit, Graphit Pyrophyllit, u.a.
	Glimmerschiefer	Quarz, Glimmer (Muskovit)	Biotit, Kyanit, Chlorit, Graphit
	Tonschiefer	Tonminerale, Quarz, Glimmer (Muskovit)	Graphit, Hämatit, Chlorit
	Grünschiefer (z.B. Amphibol-, Chlorit-, Epidotschiefer)	Chlorit, Epidot, Aktinolith, Talk, Glaukophan	
Fels	fein bis grobkörnige Mineralausbildung, ohne Schieferung und Spaltplatten	viele unterschiedliche Minerale	
	Quarzitfels	Quarz (≥ 80 %)	Feldspäte, Glimmer, Chlorit, Magnetit
	Kalksilikatfels	Calzit	Feldspäte, Glimmer

Fortsetzung Tabelle 2-6

Amphibolit		Hornblende, Plagioglas	Biotit, Chlorit, Granate, Epidot
Eklogit		Granat, Pyroxen	Kyanit, Rutil, Hornblende
Marmor (Kalk oder Dolomit[2])		Calcit, Dolomit	Amphibole, Chlorit, Epidot

2.3 Ökologische Eigenschaften

Bei der ökologischen Charakterisierung von Natursteinen ist zu unterscheiden, ob es sich um Findlinge (z.B. Bachsteine) oder um solche Natursteine handelt, die im Steinbruch gewonnen wurden. Findlinge sind wegen der geringeren Umweltbelastung bei der Herstellung in ökologischer Hinsicht auf jeden Fall günstiger zu beurteilen.

Der Lebenszyklus von Natursteinen als Baustoff ist mit den entsprechenden Angaben zur ökologischen Charakterisierung in Tabelle 2-7 zusammengestellt. Werte zum Energieaufwand sind derzeit nur bedingt verfügbar.

Tabelle 2-7 Ökologische Charakterisierung von Naturstein

Lebensweg	Umwelt- charakteristik	Energie- bedarf [kWh]	Anmerkungen
Verfügbarkeit	+	xxx	mineralischer Rohstoffe
Herstellung	je nach Abbau- verfahren: Findlinge +; Abbau im Steinbruch 0	je nach Gestein ca. 70 – 200/m^3	Für die Herstellung sind folgende Schritte zu beachten: Abbau im Steinbruch, Formgebung, Transport, Errichtung des Steinmauerwerkes als Stoffe werden zusätzlich Spreng- und Schneidematerialien benötigt, bzw. Wasser. Staub ist beim Abbau, Schadstoffe sind im Bereich Abbau und Transport zu erwarten.
Gebrauch	(+)	xxx	Während der Verwendung der Natursteine sind schädliche Auswirkungen bei Gesteinen (evtl. Tiefengesteine) mit erhöhter radioaktiver Strahlung möglich. Die Lebensdauer von Naturstein ist von der Dauerhaftigkeit des jeweiligen Gesteins und der Atmosphäre der Umgebung abhängig.
Sanierung und Umbau	+	k.A.	Der Energieaufwand für den Umbau ist hoch, Natursteinmauern sind gut zu reparieren. Sanierungsmaßen im Sichtbereich von Natursteinplatten sind aufwendig.

---

[2] Kristalliner Marmor: grobkörnig, Kristalle mit freiem Auge gut erkennbar, an den Kanten durchscheinend, keine Hohlräume, keine Fossilien, spätiger Bruch.
Kalkstein ist im Gegensatz dazu feinkörnig, Kristalle mit freiem Auge nicht erkennbar, an den Kanten nicht durchscheinend, Hohlräume, enthält häufig Fossilien, feinkörniger Bruch

Fortsetzung Tabelle 2-7

Abbruch	+	k.A.	Für Abbrucharbeiten ist neben den Transportkosten, der Aufwand an menschlicher Energie einzusetzen.
Recycling	+	k.A.	Natursteine, die für Mauerwerk verwendet wurden, können wiederverwendet werden. Steine, die nicht wiederverwendet werden, können ohne Umwandlung in den natürlichen Kreislauf zurückgeführt werden.
Transport	-		Der Energieaufwand ist vom Abstand der Baustelle zum Steinbruch abhängig. Prinzipiell ist der Transport über weite Strecken von Materialien mit hoher Dichte ungünstig und daher abzulehnen.

+ ... ökologisch günstig, (+) bedingt ökologisch günstig, 0 ... ökolgischer Standard,
- ... ökologisch ungünstig

Die Verwendung von Findlingen aus dem Bereich (ca. 10 km) der Baustelle ist als günstig anzusehen, bei Natursteinen aus weiterer Umgebung ist der Energieanteil für den Transport im Verhältnis zur Herstellungsenergie ungünstig.

2.4 Technische Eigenschaften

2.4.1 Bautechnisch wichtige Gesteinsmerkmale

Zur Beschreibung der Natursteine als Baustoffe sind folgende Eigenschaften von Bedeutung:

- Rohdichte
- Festigkeit (baulich wichtig sind die Druck-, Spalt- und Schlagfestigkeit)
- Frostbeständigkeit
- Wasseraufnahme
- Wärmetechnische Eigenschaften

- Säurebeständigkeit
- Feuerbeständigkeit
- Härte
- Bearbeitbarkeit
- Gefüge, Anordnung der Minerale
- Art der Minerale.

Tabelle 2-8 zeigt einen Überblick über die Dichte, Druckfestigkeit und Wasseraufnahme von Natursteinen.

Tabelle 2-8   Technische Richtwerte für verschiedener Gesteine (*Schneider* /9/)

	Rohdichte [t/m³]	Wasseraufnahme [%]	Druckfestigkeit[*) [N/mm²]
Magmatische Gesteine			
Granit, Syenit	2,6 – 2,8	0,2 – 0,5	160 – 240
Diorit, Gabbro	2,8 – 3,0	0,2 – 0,4	170 – 300
Porphyr	2,5 – 2,8	0,2 – 0,7	180 – 300
Basalt	2,9 – 3,0	0,1 – 0,3	250 – 400

Fortsetzung Tabelle 2-8

	Rohdichte [t/m³]	Wasseraufnahme [%]	Druckfestigkeit [N/mm²]
Sedimentgesteine			
Grauwacke, Quarzit	2,6 – 2,65	0,2 – 0,5	150 – 300
Quarzitische Sandsteine	2,6 – 2,65	0,2 – 0,5	120 – 200
Sonstige Quarzsandsteine	2,0 – 2,65	0,2 – 9,0	30 – 80
Dichte Kalke und Dolomite (einschl. Marmor)	2,65 – 2,85	0,2 – 0,6	80 – 180
Sonstige Kalksteine	1,70 – 2,60	0,2 – 10,0	20 – 90
Travertin	2,40 – 2,50	2,0 – 5,0	20 – 60
Metamorphe Gesteine			
Gneis	2,6 – 3,0	0,1 – 0,7	140 – 250
Dachschiefer	2,7 – 2,8	0,5 – 0,6	50 – 80

*) in trockenem Zustand

Tabelle 2-9 Bauphysikalische Kennwerte der Natursteinen /9/

Baustoff	Wärmeleitzahl [W/m·K]	Diffusions- widerstandsfaktor	spezifische Wärme- kapazität [kJ/kg·K]	E-Modul [N/mm²]
Granit, Gneis, Mamor, Basalt	3,5	65 – 150	0,91	40 000 – 90 000
quarzit. Sandstein,	2,1	20 – 50	0,88	20 000 – 70 000
sonst. Sandstein	2,1	20 – 50	0,88	5000 – 30 000
Tonschiefer	3,5	25	0,9	56 000 – 91 000

Dauerhaftigkeit von Natursteinen

Die Dauerhaftigkeit von Natursteinen ist von ihrem Verwitterungsverhalten abhängig. Man unterscheidet dabei:

- *mechanische oder physikalische Verwitterung* (Frost, unterschiedliche Wärmedehnungen der Minerale, Erosion) wird durch unterschiedliche Temperaturdehnungen der gesteinsbildenden Mineralien, Frostsprengungen, Salzschäden, Erosion (Wasser, Wind) und Abrieb schleifender Gesteine (Gletscher) hervorgerufen

- *chemische Verwitterung* (Lösung der Mineralien durch Wasser unter Beteiligung von Salzen, Säuren und Basen) entsteht durch lösen und/oder sprengen der Mineralien; die Lösung und/oder Sprengung erfolgt durch Wasser unter Beteiligung von Säuren, Alkalien und Salzen

- *biologische Verwitterung* (Wurzelsprengung) tritt auf, wo üppiger Pflanzenwuchs herrscht (Wurzelsprengung), aber auch Flechten und Algen können auf die Gesteine einwirken. Bakterien wirken i.a. über die Säuren ihrer Stoffwechselprodukte als lösende Faktoren.

Die *Wetterbeständigkeit und Frostbeständigkeit* von Natursteinen ist abhängig von der

Porosität, Mineralführung, dem Gefüge und der Schichtung. Die Prüfung der Verwitterungsbeständigkeit erfolgt nach den einschlägigen Normen.

Die *Säurebeständigkeit und Feuerbeständigkeit* ist von der Mineralführung der Gesteine abhängig.

2.5 Anwendung

2.5.1 Eignungsprüfungen auf der Baustelle

Für einfache Anwendungen von Natursteinen (z.B. Einfriedungen) sind keine aufwendigen Prüfungen der Gesteinseigenschaften erforderlich. Im allgemeinen reicht ein einfacher Eignungstest (Tabelle 2-10) für den jeweiligen baulichen Einsatz, wie er auch schon in früheren Jahrhunderten durchgeführt wurden (*Sax, 1814 /3/*).

Tabelle 2-10 Merkmale für die Verwendbarkeit von Natursteinen (*R. Wihr* 18 /2/und *Sax* /3/)

Merkmale	gut verwendbare Natursteine	schlecht verwendbare Natursteine	Bewertung
Prüfung mit einem Hammer	schwer zerschlagbar	leicht zerschlagbar	Festigkeit
Klang beim Anschlagen	hell	dumpf, scheppernd	Festigkeit
Kantenfestigkeit	fest	leicht abbrechbar	Festigkeit
Bruchfläche	glatt, gleichmäßig	ungleichmäßig	Augenschein
Schichtung oder Schieferung	nicht vorhanden	in großem Umfang vorhanden	Augenschein
Abrieb	gering bis fehlend	groß, kreidig-mehlend, staubend, sandend	Härte
Aufbau, Kornform	gleichmäßig, fein	stark wechselnd, grob	Festigkeit, Wetterbeständigkeit
Kornbindung, Bindemittel	innig, fest, hart	lose, weich, ungleichmäßig erweichend	Bindemittelfestigkeit
Ausbildung	kristallin	tonig, erdig, kreidig	Härte
Farbe	kräftig, rein	matt, schmutzig	Reinheit
Wasseraufnahme	gering	auffällig hoch	Frostbeständig
Erweichung nach längerer Wasserlagerung	wenig oder gar nicht	stark	Wasserbeständigkeit
Geruch in feuchtem Zustand	geruchlos, bzw. gering	stark, tonig, erdig	Tonanteil, Schadstoffe
Oberflächenveränderungen durch Witterungseinfluß	geringe Verwitterung	starke Verwitterung	Natursteine, die längere Zeit (z.B. zwei Jahre) im Freien gelagert wurden.
Reaktion der Steine wenn, sie ins Feuer geworfen werden		Zerplatzen oder chemische Veränderungen	Brandbeständigkeit

Für eine detaillierte Prüfung der Gesteinseigenschaften von Natursteinen sind weiters die jeweiligen EN bzw. Landesnormen und Vorschriften zu beachten.

2.5.2 Grundlagen für die Ausführung von Mauerwerk

Bei der Verwendung von Natursteinen für ein Mauerwerk sind die folgenden Grundsätze zu beachten:

- Einbau der Natursteine so, daß der Druck normal auf ihre Schichtung bzw. natürliche Lagerung wirkt

- Ausführung des Mauerwerks in Schichten und im weiteren im Verband (keine Fugen durch mehrere Schichten)

- Schichten senkrecht zur Richtung der auftretenden Druckkräfte anordnen

- Läufer- und Binderverband abwechseln bzw. auf zwei Läufer- einen Binderverband verteilen

- in der Ansichtsfläche sollten nie mehr als drei Fugen zusammenstoßen

- Fugenstärken sollten unabhängig vom Mauerwerk ≤ 3 cm sein

- im Fundamentbereich große plattenförmige Steine (im Mörtelbett) verwenden

- an den Ecken die größten Steine einbauen (weniger Fugen).

In Tabelle 2-11 sind die anzustrebenden Größenordnungen für die Steinabmessungen in Abhängigkeit der Steinhöhe angegeben.

Tabelle 2-11 Steinabmessungen

	Steinlänge	Steinbreite
weiche Materialien (weichere Sandsteine, körniger Kalkstein)	≤ 3 x Steinhöhe	1,5 bis 2 x Steinhöhe
härtere Materialien	≤ 4 bis 5 x Steinhöhe	3 x Steinhöhe

Zur Bearbeitung von Natursteinen werden Steinschlägel, Spitzhammer, Zweispitz, Spitz- und Breitmessel, die je nach Breite – 25 bis 75 mm – in Breit-, Schlag- und Scharriereisen unterteilt werden, verwendet.

Am Beginn der Bearbeitung eines Natursteines wird mit dem Spitzhammer rohe Fläche hergestellt. Anschließend wird mit dem Spitzeisen eine Fläche mit einer Anzahl kleiner paralleler Rippen und Furchen erzeugt (bossierte Fläche). Mit dem Flachmeissel (Scharriermeißel) und anderen Werkzeugen mit flacher Schneide (Flächhammer) werden die zurückgelassenen Rippen weggenommen, worauf eine Ebene entsteht.

2.5.3 Arten von Natursteinmauerwerken

Die Einteilung des Natursteinmauerwerks kann nach DIN 1053 in – Trockenmauerwerk, Zyklopenmauerwerk oder Bruchsteinmauerwerk, hammerrechtes Schichtenmauerwerk, unregelmäßiges Schichtenmauerwerk, regelmäßiges Schichtenmauerwerk und Quadermauerwerk erfolgen. Zur praktischen Unterscheidung von Natursteinmauerwerk werden drei Kriterien verwendet:

- Bearbeitungsgrad der Steine

- vermörteltes Mauerwerk oder Trockenmauerwerk

- in Schichten oder nicht in Schichten verlegt.

Man unterscheidet demnach (*Rankine /4/*):

- *Quadermauerwerk oder Werksteinmauerwerk* besteht aus regelmäßig behauenen, annähernd rechtwinkeligen Blöcken und wird in Schichten meist größer 30 cm ausgeführt. Mindestens 1/4 der Sichtfläche sollte aus Bindern bestehen. Die Steinabmessungen sollten Tabelle 2-11 entsprechen. Mörtelfugen werden mit einer Dicke von ca. 0,3 bis 1,2 cm hergestellt. Das gesamte erforderliche Mörtelvolumen beträgt ca. 1/8 vom Volumen des Steines. Bevorzugte Anwendung findet Quadermauerwerk für Mauern mit großen Anforderungen an die Festigkeit und Standsicherheit. Quadersteine können auch an der Sichtfläche bossiert belassen werden, man nennt diese Steine dann Bruchbosse.

  Anwendung: Stützen, Widerlager, Gewölbe und Brüstungen für Brücken, im Wasserbau und zur Verblendung von minderem Mauerwerk.

  Haussteinmauerwerk (reines Schichtenmauerwerk) unterscheidet sich vom Quadermauerwerk dadurch, daß es aus kleineren Steinen hergestellt wird. Die Schichtenhöhe beträgt 20 bis 25 cm. Die Abmessungen der Steine sollten im selben Verhältnis wie beim Quadermauerwerk stehen. Die Überdeckung der Stoßfugen bei Schichtmauerwerk sollte mindestens 10 cm betragen. Ansonsten gelten die gleichen Regeln wie bei Quadermauerwerk.

  Anwendung: ähnlich der von Quadermauerwerk.

- *Gewöhnliches Schichtenmauerwerk aus Bruchstein (lagerhaftes Bruchsteinmauerwerk):* Dieses besteht aus max. 30 cm hoher Schichten, die jeweils mit Mörtel abgeglichen werden. 1/4 der Sichtfläche sollte aus versetzt angeordneten Bindern (h = Schichthöhe, b = 1,5 bis 2 Schichtenhöhe, l = 3 bis 5 x Steinhöhe) bestehen. Hohlräume zwischen den Steinen müssen mit kleineren, vollständig in Mörtel gebetteten Steinen ausgemauert werden.
  Die Wände sollten mindestens mit einer Dicke von 50 cm ausgeführt werden. Für einen Kubikmeter Bruchsteinmauer benötigt man inklusive Abfall ca. 1,2 m³ Bruchsteine und 0,2 m³ Mörtel. Die Festigkeit des Bruchsteinmauerwerkes (zulässige Spannung) kann in Abhängigkeit vom Mörtel mit ca. 40 % der Steinfestigkeit abgeschätzt werden.

  Anwendung: Stützmauern, Hintermauerung von Mauerstücken, die mit Quadern oder Hausteinen verkleidet (verblendet) werden, Einfriedungsmauern etc.
  Schichtenmauerwerk kann auch speziell als hammerrechtes Schichtenmauerwerk, als

unregelmäßiges Schichtenmauerwerk oder regelmäßiges Schichtenmauerwerk ausgeführt werden.

⇒ Beim hammerrechten Schichtenmauerwerk erhalten die Steine der Sichtfläche auf mindestens 12 cm Tiefe, bearbeitete Lager- und Stoßfugen, die ungefähr rechtwinkelig zueinander stehen. Die Schichthöhe darf innerhalb einer Schicht und in den verschiedenen Schichten wechseln.

⇒ Beim unregelmäßigen Schichtenmauerwerk müssen die Steine der Sichtflächen in den Stoß- und Lagerfugen auf 15 cm Tiefe bearbeitet werden. Innerhalb einer Schicht darf die Schichthöhe in mäßigen Grenzen wechseln. Die Fugen der Sichtfläche dürfen nicht größer als 3 cm sein.

⇒ Beim regelmäßigen Schichtenmauerwerk müssen die Steine der Sichtflächen in den Lagerfugen in der ganzen Länge bearbeitet werden. In den Stoßfugen reicht die Bearbeitung auf 15 cm Tiefe. Die Schichtenhöhe innerhalb einer Schicht darf nicht wechseln.

- *Mauerwerk aus unregelmäßigen Bruchsteinen:* Dieses wird nicht in Schichten ausgeführt, es sind aber die selben Regeln für den Verband zu beachten. Die Bruchsteine entstehen nach Sprengungen und durch Zerkleinerung von Blöcken. Nach der Häufigkeit der Steinvorkommen werden Bruchsteinmauerwerke vorwiegend in Sandstein, aber auch in Kalk oder Granit errichtet. Die Druckfestigkeit ist meist nicht viel höher als die des verwendeten Mörtels.

  Anwendung: Stützmauern, in Gärten und Weinbergen, freistehende Einfriedungsmauern, Kellerwände

- *Findlingsmauerwerk:* Verwendung finden hier Findlinge, die in Abhängigkeit des Gesteins unterschiedliche Formen (rund, kantig) aufweisen. Es kann daher hier nur bedingt in Schichten bzw. im Verband gemauert werden.

  Anwendung: Kellerwände, Landwirtschaftliche Gebäude, Grundstücksbegrenzungen

- *Quader- und Haussteinmauerwerke mit Bruchsteinhintermauerung:* Dieses sind Kombinationen von Quader- oder Hausteinmauerwerk, die als Sichtfläche Quader- und Hausteinmauerwerke besitzen und ein Bruchsteinmauerwerk als tragenden Mauerkörper aufweisen. Die Bruchsteinhintermauerung erfolgt gleichzeitig mit dem Hausteinmauwerk. Die Verhältnisse der Abmessungen der Binder sollten wie beim Quadermauerwerk gewählt werden.Eine Variante dieses Mauerwerkverbandes ist das *Schalenmauerwerk.* Schalenmauerwerk besteht aus zwei Schalen handwerklich bearbeiteter Natursteine, die mit Schutt, Sand, Erde oder auch Steinen ausgefüllt werden, d.h. der Mauerwerkskern kann hier nur begrenzt Lasten aufnehmen. Die Mauerwerksdicken von Schalenmauerwerk liegen zwischen 0,8 und 2,00 m. Zur Verbesserung des Zusammenhaltens der Schalen können größere Steinquader durch Anker zusammengefaßt werden, bzw. können durchgehende Steinplatten eingebaut werden.

  Anwendungen: Brückenpfeiler, Stützen etc.

- *Trockenmauerwerk:* Generell können alle Mauerwerksfomen als Trockenmauerwerk d.h. ohne Mörtel (auskeilen der Fugen) ausgeführt werden. In den meisten Fällen besteht meist

Trockenmauerwerk allerdings aus Bruchsteinen geringer Bearbeitung. Die Fugen können nach Fertigstellung von außen eventuell mit Gras oder Moos verstopft werden. Die Deckschar wird hier möglichst wasserdicht hergestellt, damit sich kein Wasser in den Fugen der Mauer ansammelt und bei Frost die Steine aus ihrer Lage verschiebt. In solchen Fällen wird z.B. die Deckschar hochkant gestellt und mit Mörtel ausgefugt. Unter der Deckschar einer Mauer versteht man die oberste Schicht der Steine, die als Schutz der Mauer vor eindringendem Wasser und zur Befestigung kleinerer Steine (durch die aufgebrachte Masse) hergestellt wird. Die Deckschar wird mit hydraulischem Kalk oder Zement vermörtelt.

Anwendung: Einfriedungen, Stützmauern als Gewichtsmauern, Verkleidung von Erdböschungen.

Die Abbildungen 2-4 bis 2-6 zeigen Prinzipskizzen und ausgeführte Beispiele von Natursteinmauerwerken, wobei das Mauerwerk aus unregelmäßigen Bruchsteinen in Abbildung 2-5 als Trockenmauerwerk ausgeführt wurde.

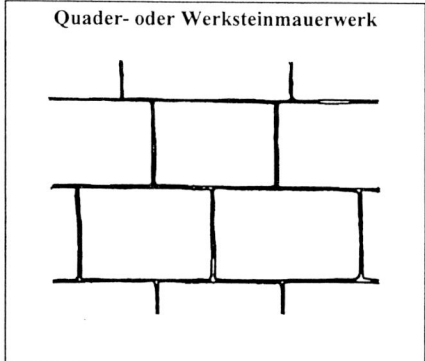

Abbildung 2-4 Quader- oder Werksteinmauerwerk

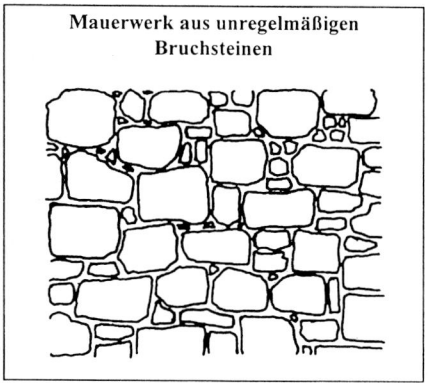

Abbildung 2-5 Mauerwerk aus unregelmäßigen Bruchsteinen

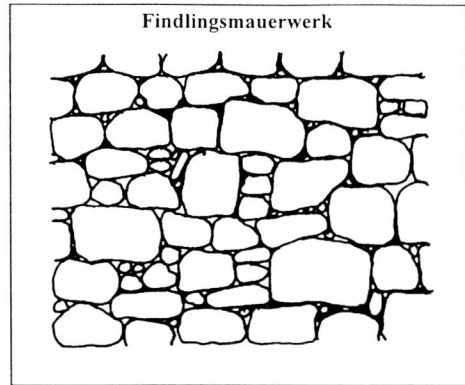

Findlingsmauerwerk

Abbildung 2-6   Findlingsmauerwerk

Als *Mauermörtel* werden für Natursteinmauerwerk Kalk oder hydraulischer Kalk-Zementmörtel verwendet. Besonders häufig ist die Verwendung von hydraulischem Kalkmörtel.

Tabelle 2-12 gibt einige Formen der Anwendung von Natursteinen und die dazu erforderlichen Eigenschaften der Natursteine an.

Tabelle 2-12 Anwendungen und dazu erforderliche Eigenschaften von Natursteinen (*Titscher* /8/)

Grundmauern	gute Festigkeit, kompakt, geringe Wassersaugfähigkeit
aufgehendes Mauerwerk	porös, keine Abschieferungen
Quadermauern	hohe Festigkeit, wetterbeständig, keine Sprünge oder Nester
Gewölbe	fest, gut zu bearbeiten (nicht spröde), lagerhaft
Gesimse	leicht, wetterbeständig, gut zu bearbeiten, ausreichende Bruchfestigkeit
Pflasterungen	hart, geringe Wassersaugfähigkeit, frostbeständig, möglichst ebenflächig
Feuerstellen	feuerbeständige, das sind tonige und quarzige Gesteine mit gleichmäßigem Gefüge und Zusammensetzung
Dachdeckungen	geringe Wassersaugfähigkeit, dünn brechend, wetter-, frost-, temperaturbeständig

3 LEHM

3.1 Einleitung

3.1.1 Geschichte

Lehm wird seit der frühesten Geschichte der Menschheit als Baustoff verwendet. Der Einsatz des Materials ist sehr vielfältig, so finden wir Anwendungen im Mauerwerks- und Festungsbau, als Ausfachung bei Holzbauten, als Mörtel, Putz, Estrich und beim Ofenbau (Abbildung 3-1).

Abbildung 3-1 Historische Anwendung von Lehm in Österreich (Foto: *A. Bruckner* /3/)

Die häufige Verwendung war neben den guten bautechnischen Eigenschaften vor allem auf die Verfügbarkeit des Lehms zurückzuführen. Fast überall auf der Erde ist Lehm vorhanden und kann daher ohne großen Transportaufwand verwendet werden. Das Problem der Lehme ist allerdings, daß sie sich an den einzelnen Lagerstätten in ihrer Zusammensetzung unterscheiden und daher unterschiedliche Eigenschaften aufweisen. Früher wurden die Kenntnisse über den Lehmbau als traditionelles Wissen in den einzelnen Regionen weitergegeben. Es war dadurch nicht erforderlich, die aus der Zusammensetzung resultierenden Eigenschaften der lokal unterschiedlichen Lehme jedesmal aufs neue zu prüfen.

Heute begegnet uns Lehm als Baustoff vor allem bei Sanierungen und nur vereinzelt wieder im Neubau. Dazu ist es für den Ingenieur und Architekten erforderlich, sich praktische Kenntnisse über den Baustoff Lehm anzueignen. Wie bei allen Baustoffen ist es zur Schadensvermeidung wichtig, auf das Verhalten von Lehm im Zusammenwirken mit anderen Materialien zu achten.

3.1.2 Grundlagen

Die Eigenschaften eines Baustoffes sind der Ausgangspunkt für seine jeweilige Anwendung. Jeder Baustoff hat in Abhängigkeit der gewählten Anwendung gute und schlechte Eigenschaften. Um Bauschäden zu vermeiden, ist es die Kunst eines guten Ingenieurs oder Architekten das jeweilige Material so einzusetzen, daß die guten Eigenschaften genutzt werden, und die schlechten Eigenschaften nicht zum Tragen kommen.

Positive bautechnische Eigenschaften des Lehms:

- *Verfügbarkeit:* Lehm ist in fast allen Regionen der Erde verfügbar (Einsparung von Transportwegen) und kann evtl. nach vorheriger Aufbereitung direkt als Baumaterial verwendet werden.

- *Energieverbrauch, Recyclingverhalten:* Der Energieaufwand zur Herstellung des Baustoffes und bei evtl. Reparaturen oder Veränderungen ist sehr gering. Lehm kann nach dem Rückbau wiederverwendet oder problemlos in den natürlichen Kreislauf zurückgeführt werden.

- *Bauphysikalische Eigenschaften:* Lehm kann schnell viel Feuchtigkeit aufnehmen und abgeben. Durch die geringe Gleichgewichtsfeuchte und die gute Diffusionsfähigkeit des Lehms sind die Wände trocken und erhalten ihre Wärmedämmfähigkeit. Lehm ist nicht brennbar.

- *Haltbarkeit, Konservierung:* Wie viele bestehende Lehmbauten zeigen, ist Lehm bei entsprechender Konstruktion des Gebäudes sehr dauerhaft. Mit zunehmendem Alter (Nacherhärtung) der Lehmbaustoffe steigt die Festigkeit und Beständigkeit gegen Erosion und Durchfeuchtung an. Zusätzlich besitzt er die Eigenschaft eingeschlossenes Holz und pflanzliche Stoffe zu konservieren. Lehm ist des weiteren frostbeständig und unbeschränkt lagerfähig.

- *Gebrauchseigenschaften:* Lehm ist geruchsbindend und für den Menschen sehr gut verträglich, wie z.B. die Verwendung von Lehm in der Medizin zeigen (Kneippkuren).

Folgende Eigenschaften des Lehms wirken sich nachteilig aus:

- *Verschiedenartigkeit der Lehme:* Lehme unterscheiden sich stark in ihren Zusammensetzungen und Eigenschaften. Selbst Lehme aus Gruben die nicht weit voneinander entfernt sind können bereits verschiedene Eigenschaften aufweisen und müssen daher unterschiedlich aufbereitet und verarbeitet werden.

- *Wasserempfindlichkeit und Erosionsgefahr:* Lehm verliert bei starker Durchfeuchtung seine Festigkeit. Wenn Lehmoberflächen nicht zusätzlich geschützt werden, können sie von Regen und Wind leicht abgetragen werden.

- *Rißgefahr:* Lehm schwindet in Abhängigkeit seines Aufbaues (Sieblinie, Tonminerale) und seiner Verarbeitung stark und besitzt nur eine geringe Zugfestigkeit.

Bezeichnungen

Lehm besteht im wesentlichen aus Ton und Sand. Eine eindeutige Definition für „Lehm" kann es aber nicht geben, da sich die entsprechenden Erden sehr unterschiedlich zusammensetzen (unterschiedliche Tone und Sande, verschiedene Anteile der Einzelkomponenten). Aus den vielfältigen Zusammensetzungen und Anwendungsbereichen und den dafür erforderlichen Eigenschaften haben sich eine Vielzahl von Bezeichnungen und Unterscheidungen der Lehme entwickelt:

- *Tonanteil:* Man unterscheidet tonarme („magere" oder „sandige") und tonreiche („fette") Lehme mit verschiedenen Kornzusammensetzungen.

- *Bindigkeit: Niemeyer /2/* hat die Bezeichnung „Bindigkeit" für Lehme eingeführt, die sich aus der Zugfestigkeit in erdfeuchtem Zustand ergibt (Tabelle 3-1). Die Bindigkeit korreliert nicht eindeutig mit dem Tongehalt, kann jedoch einfach geprüft werden.

- *Tongehalt:* Lehme können in Abhängigkeit vom Tongehalt entsprechend Tabelle 3-1 eingeteilt werden. Lagerstätten von beinahe reinen Tonmineralien (z.B. Kaolin) sind selten, sie werden „Tonerden" genannt.

- *geologisches Entstehen:* Lehm ist primär durch von außen einwirkende mechanische Kräfte, Zersetzung infolge von Temperaturunterschieden, Spaltenfrost und durch chemische Verwitterung aus den schon bei der Erstarrung der Erdrinde vorhandenen Mineralien entstanden. Die jüngeren Lehme sind das Ergebnis von zweiten und dritten Umlagerungs- und Verwitterungsprozessen. Demnach spricht man von: Lehmen auf primären Lagerstätten oder „Verwitterungsböden", die noch über dem Muttergestein lagern, aus dem sie hervorgegangen sind. Dazu zählen: Berglehm, Gehängelehm, Lehm auf sekundären und tertiären Lagerstätten oder „umgelagerten Böden"; diese sind von Gletschern, Flüssen oder Wind fortgeführt und an anderen Stellen abgelagert worden: Mergel (kalkreicher Geschiebelehm), Geschiebemergel, Geschiebelehm, Blocklehm, Schwemmlehm, Auelehm, Lößlehm, Tertiärtone, Letten, Salzlehme.

- *Dichte und Zusammensetzung:*   Stampflehm (1700 – 2200 kg/m^3),
Strohlehm (1200 – 1700 kg/m^3),
Leichtlehm (400 – 1200 kg/m^3).

Des weiteren bezeichnet man Lehme, die im Bauwesen verwendet werden als:

- *Baulehm:* Lehm, der für das Bauwesen geeignet ist.

- *Lehmbaustoffe:* sind aufbereitete Lehme, die evtl. mit Zuschlagstoffen oder Zusätzen vermengt sind.

Die Lehme können aber auch wie im Grundbau, nach einer entsprechenden Siebanalyse nach dem Dreiecksnetz (Abbildung 3-2) zur Bodenklassifizierung *Public Road Administration* (in /5/) eingeteilt werden.

Tabelle 3-1 Bezeichnung der Lehme nach ihrer Bindigkeit (*Niemayer* S.132 /2/ und
DIN 18 952/2 (vgl. /12/) und Einteilung nach dem Tongehalt (*Schneider u.a.* /1/)

Bezeichnung nach *Niemayer*	Bezeichnung nach DIN 18 952	Bindekraft N/mm²	Bezeichnung	Tongehalt in %
Sand		< 0,003		
lehmiger Sand		0,003 – 0,005		
sehr magerer Lehm	magerer Lehm	0,005 – 0,008	sehr magerer Lehm	> 5 – 6
magerer Lehm		0,008 – 0,011	Magerlehm	< 15
fast magerer Lehm	fast fetter Lehm	0,011 – 0,015	mittlerer Lehm	15 – 22
fast fetter Lehm		0,015 – 0,020		
fetter Lehm	fetter Lehm	0,020 – 0,027	fetter Lehm	20 – 30
sehr fetter Lehm	sehr fetter Lehm	0,027 – 0,036	sehr fetter Lehm	30 – 40
magerer Ton		0,036 – 0,048	Ton (und Mehlsand und Feinsand)	
fetter Ton		0,048 – 0,066		
sehr fetter Ton		0,066 – 0,090		

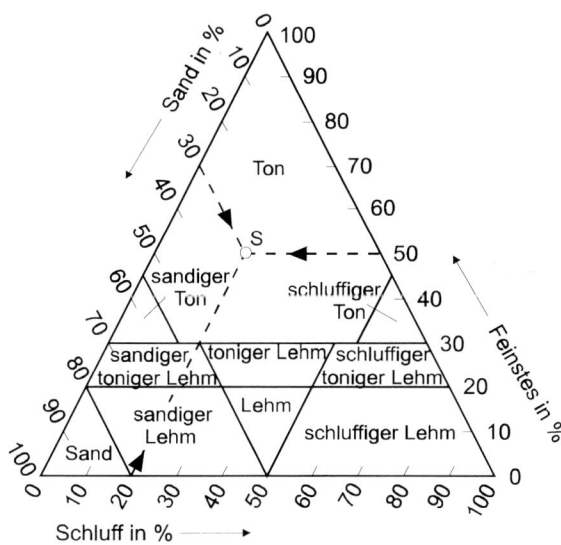

Abbildung 3-2 Dreiecksnetz zur Benennung von Lehm (*Simmer* S.13 /5/)

3.1.3 Richtlinien und Normen

Das Bauen mit Lehm gehörte früher zum traditionellen Wissen und wurde daher nicht
aufgezeichnet. Auch heute findet man in ländlichen Regionen noch erstaunliche Kenntnisse
über den Lehmbau (vor allem für Fußböden). Mit der Industrialisierung des Bauens wurden
Richtlinien und Normen erforderlich. In Deutschland wurde 1944 eine reichsgesetzliche

Regelung über den Lehmbau erlassen, die später (1951) als erster Teil der DIN 18 951 übernommen und durch weitere Normen ergänzt wurde. Im Jahre 1971 wurden alle DIN-Normen zum Lehmbau ersatzlos zurückgezogen.

Derzeit werden für Genehmigungen im Lehmbau folgende Richtlinien verwendet:

- Regeln zum Bauen mit Lehm des Schweizer Ingenieur- und Architektenverbandes aus dem Jahr 1994 /6/

- DIN Normen 18 951 – 18 957 und DIN 1169 (vgl. /12/) (ersatzlos zurückgezogene).

- Lehmbauregeln des „Dachverband Lehm e.V."

Neben diesen Regelungen wird auf die bereits wieder vorhandene Fachliteratur zurückgegriffen.

3.2 Materialeigenschaften

3.2.1 Werkstoff

Lehmwerkstoffe bestehen aus Lehm (Ton, Schluff, Sand), Wasser, Zuschlag, Zusätze und evtl. Holzbewehrung.

Lehme entstanden durch die Verwitterung feldspatreicher Gesteinsarten und bestehen aus einem natürlichen Gemisch von Ton, Schluff, Sand und evtl. Steinen (Tabelle 3-2), in einer durch erdgeschichtliche Vorgänge bestimmten Zusammensetzung. Lehm ist daher eine Art „Naturmörtel", in dem der Ton das Bindemittel darstellt und die mineralischen Bestandteile das füllende Korngerüst.

Tabelle 3-2 Benennung und Korngrößen von Böden nach DIN 4022/1

Bennenung	Korngrößen [mm]	spezifische Oberfläche [cm²/g]	Anmerkung
Kies	> 2 – 63	20 (für d = 2 bis 20)	nicht bindige Böden
Sand	> 0,06 – 2	200	nicht bindige Böden
Schluff	> 0,002 – 0,06	2000	bindige Böden
Ton	≤ 0,002	> 20 000	Zement bis 20 000 cm²/g

Die Besonderheit der Lehme ist bedingt durch ihr verschiedenartiges Vorkommen. Entsprechend ihrer verschiedenen Zusammensetzung verhalten sie sich unterschiedlich. Für die Baustoffeigenschaften ist das Zusammenwirken der tonigen Anteile (abhängig von Menge und Art) mit den mineralischen Füllstoffen (in Abhängigkeit ihrer Kornverteilung) ausschlaggebend. Darauf sind die Maßnahmen abzustimmen, die getroffen werden müssen, um dem Lehmbaustoff die jeweils erforderliche Zusammensetzung zu geben.

Der Ton im Lehm entstand durch die Verwitterung von Mineralien der Urgesteine (z.B.

Feldspat, Glimmer, Augit, Hornblende), dem Transport und der Sedimentation der Abtragungsprodukte. Die chemische Verwitterung, d.h. die Einwirkung von kohlensäurehaltigem Wasser erfolgt gemäß dem nachstehenden Reaktionsschema:

Verwitterung

$$K\text{-}Al\text{-}Silikat + H_2 CO_3 + H_2O \rightarrow Al_2O_3 \cdot 2SiO_2 \cdot 2H_2O + K_2CO_3$$

Feldspat, Kohlensäure $\rightarrow$ Al-Silikat-Hydrat = Ton (Kaolinit) + Pottasche

---

Zu den wichtigsten Tonmineralen zählen

- Kaolinit

- Illit

- Montmorillonit

- Halloysit.

Tonminerale bestehen meist aus Blättchen oder Stäbchen mit einer Größe kleiner 2 µm (bis zu 20 µm) und sind in trockenem Zustand relativ fest. Sie lassen sich makroskopisch nicht unterscheiden, ihr Unterscheidungsmerkmal (Elektronenmikroskop) liegt im Gitterbau. Man findet dabei z.B. (*Wagenbreth* /7/):

- SiO_4- Tetraeder

- $Al(O,OH)_6$-Oktaeder

- $Mg(O, OH_6)$-Oktaeder

- Ionen wie z.B. Na, Ca, Fe, K, Mg mit einem Ionenradius, der in die jeweilige Gitterposition der Tetraeder oder Oktaeder paßt.

Durch kapillare Kräfte sind Tonminerale in der Lage beachtliche Mengen von Wasser aufzunehmen, wodurch ein plastischer Zustand entsteht. Der Ton liegt dann als Aluminiumsilikathydrat vor, das bei Wassereinwirkung weiteres Wasser binden kann, dadurch wird der Ton bildsam.

Befeuchtung
$$Al_2O_3 \cdot 2SiO_2 \cdot 2H_2O + n \cdot H_2O \Leftrightarrow Al_2O_3 \cdot 2SiO_2 \cdot (H_2O)_{n+2}$$
Trocknung

fester Ton $\qquad\qquad$ bildsamer Ton

Dieser Vorgang ist reversibel, d.h. der bildsame Ton kann wieder austrocknen und wird dadurch wieder hart. Das zusätzlich aufgenommene Hydratwasser wird wieder abgegeben.

Die Fähigkeit Hydratwasser aufzunehmen und abzugeben hängt von den zwei gebundenen

Hydratwassermolekülen ab. Durch das Brennen von Aluminiumsilikathydrat wird das Hydratwasser vollständig ausgetrieben, gebrannter Ton (Keramik) ist dadurch gut wasserbeständig und hart, er kann dann keine Wassermoleküle mehr aufnehmen und einbinden.

Zuschläge

Als Zuschläge können verschiedene Gruppen von Materialien verwendet werden:

- *Mineralische Zuschläge:* Sand, Kies, Splitt, Schamottemehl, Gesteinsmehl

- *Mineralische dämmende Zuschläge:* Blähton, Blähschiefer, Blähglimmer, Perlite, Sinterbims, Hüttenbims, Blähglas, Bims, Lava

- Pflanzliche Zuschläge:

    - *langfaserige Stoffe:* Stroh, Heu, Seegras, Hanf, Jute

    - *kurzfaserige Stoffe:* Haare, Baumnadeln, Flachsscheben, Hanfwolle, Strohhäcksel, Spreu, Kokosfasern

- *Holzige Stoffe:* Sägescharten, Hobelscharten, Hackschnitzel, Schwachholz, Staken, Papier, Zellulosefasern.

Zusätze

Zusätze werden zur Verbesserung der Verarbeitbarkeit, Dauerhaftigkeit, Festigkeit und Härte beigegeben. Um diese Eigenschaften des Lehms zu verbessern, werden als Zusatzmittel u. a. folgende Stoffe verwendet:

Ton, Kalk, Zement, Gips, Fäkalstoffe, Urin, Casein, Molke, Seife, stärkehältige Stoffe, Kautschuk, Öl- und ölhaltige Substanzen, Harze, Wachse, Erdölprodukte, Kunststoffe, Traß, Asche, Wasserglas, Soda, Salz, Huminsäure, Sulfitablauge.

Ob sich im Einzelfall tatsächlich Verbesserungen ergeben, hängt u.a. von der Zusammensetzung des Lehms ab, d.h. die Verbesserungsmöglichkeiten sollten vorab überprüft werden.

Bewehrung

Als Bewehrung für Lehmbauteile, z.B. für Überlager, wird vor allem Holz verwendet[3]. Eine Theorie über das eventuelle Zusammenwirken im Tragverhalten von Lehm und Holz ist nicht bekannt. Allerdings wird dem Lehm eine konservierende Wirkung in Bezug auf das eingebettete Holz nachgesagt.

---

[3] Es sind auch Ziegelüberlager möglich. Dies hängt jedoch von der Verarbeitung ab (Sichtlehm oder verputzt).

3.2.2 Dichte

Die *Reindichte* läßt sich, wenn die Zusammensetzung des Lehms genau bekannt ist, aus der Dichte des Tonanteils (ρ_{Ton} = 2200 – 2500 kg/m³) und den mineralischen Bestandteilen (ρ_{Quarz} = 2500 – 2800 kg/m³) berechnen. Sie beträgt etwa ρ = 2300 bis 2700 kg/m³.

Für die *Rohdichte* von europäischen Lehmvorkommen werden in der Literatur Angaben zwischen ρ = 1600 – 2400 kg/m³ gemacht. Tabelle 3-3 zeigt die Rohdichte verschiedener Lehmvorkommen für den trockenen und verdichteten Zustand.

Tabelle 3-3 Rohdichte von Lehm (*Schneider u.a.* /1/)

Lehmarten	Dichte kg/m³
sandige- und Lößlehme	1750
mittelfette Lehme	1850
fette Lehme	1900
fette Lehme mit Kiesanteil	2000
sehr fette und steinige Lehme	2200 – 2400

Die *Schüttdichte* des trockenen Lehms (schluffiger am leichtesten, steiniger am schwersten,) kann mit ρ = 1400 bis 1800 kg/m³ angenommen werden.

3.2.3 Festigkeit

Zugfestigkeit

Die Zugfestigkeit des trockenen Lehms liegt je nach Art normalerweise zwischen σ_z = 0,3 und 1,0 N/mm².

Die Zugfestigkeit oder Bindigkeit des erdfeuchten Lehms beträgt demgegenüber $\sigma_{z,ef}$ = 0,004 – 0,08 N/mm², d.h. bei der Trocknung erhöht sich die Zugfestigkeit ca. um den Faktor 10.

Druckfestigkeit

Für die Druckfestigkeit gibt die DIN 18 954 einige Werte (Würfelformen mit a = 7 cm oder a = 30 cm) in Abhängigkeit der Rohdichte an, wobei auch Zuschläge enthalten sein können (Tabelle 3-4).

Tabelle 3-4 Druckfestigkeit von Lehmbaustoffen nach DIN 18 954 (vgl. /12/)

Rohdichte kg/m³	Druckfestigkeit N/mm²
1600	2,0
1900	3,0
2200	4,0

Neue Untersuchungen /4/ haben gezeigt, daß die Druckfestigkeit – so wie auch bei Beton – stark von der Prüfkörpergröße abhängt (Tabelle 3-5). Die Trockenzug- und Scherfestigkeit stehen zur Druckfestigkeit von Lehmen im Verhältnis von etwa 1 : 6.

Tabelle 3-5 Druckfestigkeit von Lehmbaustoffen in Abhängigkeit der Probekörpergröße /4/

Lehmart	Dichte [kg/m³]	Prüfkörper	Druckfestigkeit [N/mm²]
Stampflehm	1700	Würfel a = 30 cm	1,47
Stampflehm	1800	Würfel a = 20 cm	3,11
Stampflehm	1800	Prismen 4/4/6 cm	> 6,2
Leichtlehm (Stroh)	830	Würfel a = 20 cm	0,2 (2 % Stauchung)
Leichtlehm (Stroh)	900	Würfel a = 30 cm	0,1 (2 % Stauchung)

Die Prüfung der Druckfestigkeit z.B. für Stampfwände gestaltet sich sehr schwierig, da neben der Abhängigkeit von der Prüfkörpergröße in Formen gestampfte Mischungen nicht so verarbeitet und verdichtet werden können wie Lehmmischungen in einer Wandschalung. Nachträglich ausgeschnittene Probekörper sind oft ungenau und ergeben eine breite Streuung der Werte. Der homogene Aufbau und die hohe Verdichtung durch den addierten Stampf- und Eigendruck bringen im tatsächlichen Bauteil meist eine größere Festigkeit.

Druckfestigkeit von Lehmsteinen:

Viele Untersuchungsergebnisse von Lehmsteinen enthalten keine Hinweise auf die Dichte, das Format und die Herstellung der Lehmsteine, sie sind daher nicht allgemein vergleichbar /1/. In DIN 18 953 (vgl. /12/) wird die Mindestdruckfestigkeit für Lehmsteine mit σ = 2,5 N/mm² angegeben.

Druckfestigkeit von leichten Lehmbauteilen:

Für Lehmbauteile wird u.a. Leichtlehm, d.h. Lehmmischungen mit einer Dichte $\leq$ 1200 kg/m³ verwendet. Die Druckfestigkeit, die durch eine Begrenzung der auftretenden Verformung definiert werden muß (z.B. 2 % Stauchung), ist abhängig von:

- dem Mischungsverhältnis (Anteil der meist wesentlich weicheren, porösen Zuschlagstoffe)

- der Art der Zuschläge

- der Aufbereitung und Verarbeitung, mit der man die Dichte der Mischung steuern kann

- der Bindekraft der verklebenden Lehmschlämme.

Angaben dazu sind in Tabelle 3-5 enthalten, die auch gut mit den Angaben der DIN 18 954 korrelieren (vgl. /12/). Dort wird für Leichtlehmsteine eine Druckfestigkeit von $\sigma = 0{,}1$ N/mm² angegeben, wobei keine genaueren Angaben über die Art der Lehmsteine enthalten sind. Es waren früher Mischungen um 1200 kg/m³ üblich, mehr Strohanteil läßt sich in kleinen Formen auch kaum verarbeiten.

Leichtlehm mit Holzhackschnitzeln als Zuschlag, erreicht etwa die doppelten Festigkeiten wie Strohlehm, wobei auf die Güte der Hackschnitzel Rücksicht genommen werden muß.

Leichtlehm mit mineralischen Leichtzuschlägen (z.B. Blähton) erreichen trotz geringer Dichte hohe Druckfestigkeiten (*Minke* /8/ bei $\rho = 800$ kg/m³ , $\sigma_D = 3{,}6$ N/mm²).

Biegezugfestigkeit

Lehm weist eine erstaunlich hohe Biegezugfestigkeit auf. Allerdings sind die im Labor ermittelten Festigkeitswerte aufgrund der Probekörpergröße (4/4/16 cm; $\sigma_{BZ} = 2{,}0$ N/mm²) und der damit verbundenen Begrenzung der Korngröße (< 4 mm) für die Praxis nicht relevant. Daher wird durch die Zumischung von faserigen Stoffen (Stroh) die Biegezugfestigkeit erhöht. Das Stroh wirkt im Lehm als Faserverstärkung. Strohlehmbauteile sind daher im trockenen Zustand relativ biegesteif (Tabelle 3-6).

Tabelle 3-6 Biegezugfestigkeit von Leichtlehm /1/

Rohdichte kg/m³	Fasern und Bewehrung	σ_{BZ} N/mm²
ca. 800	Roggenstroh, Holzeinlage	1,2
ca. 700	Preßstroh ohne Bewehrung	1,7

3.2.4 Formänderungsverhalten

Elastizitätsmodul

Der E-Modul für trockenen, gut verdichteten Stampflehm ($\rho = 1700$ kg/m³) beträgt. $E = 4350$ N/mm². Für den Elastizitätsmodul sind alle Einflußgrößen maßgebend, die auch die Festigkeit des Lehmes bestimmen.

Schwinden

Bei Lehmen (Probekörper 4/2,5/22 cm) die mit Normensteife aufbereitet und anschließend an der Luft getrocknet wurden, ist nach DIN 18 952/2 mit einer mittleren Trockenschwindung entsprechend Tabelle 3-7 zu rechnen. Das Schwindmaß des Lehms ist stark von den enthaltenen Tonmineralen abhängig. Zur Bestimmung des Trockenschwindmaßes für Leichtlehme eignet sich die Probekörpergröße nicht, es ist im allgemeinen mit einem geringeren Schwindmaß zu rechnen.

Tabelle 3-7 Mittleres Trockenschwindmaß von Baulehmen nach DIN 18 952/2

Bezeichnung nach der Bindigkeit	Schwindmaß in %	Längenschwindung in mm (Probekörperlänge l = 22 cm)
Magere Lehme	1,0 – 2,5	2 bis 5
Mittlere Lehme	2,0 – 3,5	4 bis 7
Fette Lehme	3,5 – 5,5	6 bis 10
Tone	4,5 – 7,5	8 bis 20

3.2.5 Feuchtigkeitseigenschaften

Wassergehalt bei Erdfeuchte

Lehme verschiedener Herkunft haben in erdfeuchtem Zustand einen unterschiedlichen Wassergehalt. Auch bei gleicher Bindigkeit können je nach Tonart und Tongehalt die Werte schwanken. Bei einer festgelegten Plastizität bzw. Konsistenz (Normsteife = eine aus 2 m Höhe fallengelassene 200 g-Kugel zeigt eine Abplattung von 50 mm) wurden von *Niemeyer* die Werte der Tabelle 3-8 ermittelt.

Tabelle 3-8 Wassergehalt verschiedener Lehme bei Normensteife (*Niemeyer* S.41 /2/)

Bezeichnung	Feuchte %
Magerlehme	9,5 – 12
mittlere Lehme	11 – 15
fette Lehme	12 – 20
Tone	15 – 23

Wassergehalt bei Gleichgewichtsfeuchte

Die Gleichgewichtsfeuchte eines Baustoffes stellt sich in Abhängigkeit der relativen Feuchtigkeit der angrenzenden Luft, des Wassergehaltes der angrenzenden Bauteilschichten und der Art des Baustoffes selbst ein. Lehmbauteile weisen im Rauminneren eine Feuchte von ca. 2,5 – 4,5 % auf.

Lehmbauteile die mit organischen Stoffen (Zuschläge) hergestellt wurden besitzen meist eine erhöhte Gleichgewichtsfeuchte. Das ergibt sich daraus, daß organische Stoffe im Gleichgewichtszustand mehr Feuchtigkeit (Stroh oder Holz 10 – 15%) aufnehmen können als Lehm, doch zeigt sich, daß bei Leichtlehm mit hohem Zuschlaganteil die zu erwartende höhere Eigenfeuchte des Zuschlags durch das Zusammenwirken mit dem Lehm offenbar stark verringert wird. Das könnte auch ein Grund für das oft behauptete konservierende Verhalten von Lehm in Bezug auf Holz sein.

Dampfdiffusionswiderstand

Da der Dampfdiffusionswiderstandsfaktor μ von der Porenstruktur und der Dichte abhängig ist, schwankt er bei Lehm mit der Kornzusammensetzung und dem Verdichtungsgrad (Tabelle 3-9).

Tabelle 3-9 Dampfdiffusionswiderstand von Lehmbaustoffen

	Dichte ρ [kg/m³]	Diffussionswiderstandsfaktor μ
Massivlehm	2000	9,0 – 12,0 [2]
Strohlehm	1200 – 1700	8,0 – 10, 0 [2]
Leichtlehm	900	6,0 – 8,0 [1]
	600	5,0 – 6,0 [1]
	300	4,0 – 5,0 [1]
[1] SIA D 0111 [3], [2] Eigene Messungen		

Es ist anzunehmen, daß fette Lehme bzw. Lehme mit hoher Gleichgewichtsfeuchte dem Diffusionsstrom mehr Widerstand entgegensetzen, als trockene, magere Lehme. In der Literatur finden sich unterschiedliche, nur dichtebezogene Angaben.

3.2.6 Wärmetechnische Eigenschaften

Die in der Literatur angegebenen Werte zu den wärmetechnischen Eigenschaften von Lehm beziehen sich im Regelfall auf die Rohdichte. Die wärmetechnischen Eigenschaften sind aber bekanntlich nicht nur von der Dichte, sondern z.B. auch vom Wassergehalt abhängig.

Wärmeleitfähigkeit

Die Wärmeleitzahl für Lehm mit einer Dichte von ρ = 1800 bis 2000 kg/m³ kann mit λ ≈ 0,9 W/m·K angenommen werden. Für Lehmbaustoffe können die entsprechenden Werte, abhängig von der Dichte, der Tabelle 3-10 entnommen werden.

Tabelle 3-10 Mittelwerte der Wärmeleitfähigkeit für Lehmbaustoffe[4]

Lehm	Wärmeleitfähigkeit W/m·K
Massivlehm	0,93
Strohlehm	0,47
Leichtlehm	0,23

---

[4] Vergleiche dazu auch die Werte SIA D 0111 /6/

3.2.7 Wärmespeicherfähigkeit

Die spezifische Wärmekapazität c von Lehm wird in der DIN 18 953 (vgl. /12/), wenn er unvermischt, oder nur mit mineralischen Zuschlägen gemagert ist, mit c = 1,0 kJ/kg·K angegeben. Für Lehmbaustoffe mit organischen Zuschlägen nimmt die spezifische Wärmekapazität mit steigendem Anteil an organischen Zuschlägen lt. DIN 18 953 bis c = 1,7 kJ/kg·K zu. Der Wert erscheint aber trotz der hohen Wärmekapazität von organischen Materialien (Stroh c = 2,0 kJ/kg·K, Holz c = 2,5 kJ/kg·K) etwas hoch /1/ wie man anhand der Mischregel leicht zeigen kann. Wichtiger scheint der Einfluß des Wassergehaltes zu sein (c = 4,19 kJ/kg·K.)

$$c_{Lehm} = \frac{c_0 \cdot m_{0,Lehm} + c_{Stroh} \cdot m_{Stroh}}{m_{0,Lehm} + m_{Stroh}}$$

3.2.8 Dauerhaftigkeit

Witterungseinfluß und Feuchte

Die Dauerhaftigkeit bei Witterungseinfluß ist einer der Schwachpunkte von Lehm. Bei Lehmbauten muß daher analog zum konstruktiven Holzschutz ein konstruktiver Lehmschutz ausgeführt werden. DIN 18 951 gibt dazu folgendes an (vgl. /12/):

- Grundmauern, Keller- und Sockelmauern dürfen nicht aus Lehm hergestellt werden.

- Sockelmauern müssen zum Schutz vor Durchfeuchtung der Lehmwände durch Spritzwasser mindestens 50 cm (bei abfallendem Gelände 30 cm) über das Gelände hochgeführt werden.

- Die Außenflächen von Lehmwänden sind mindestens an der Wetterseite mit einem dauerhaften Wetterschutz zu versehen.

- Sockelvorsprünge, Gesimse, äußere Fensterleibungen sind zu vermeiden.

- Dächer müssen an den Traufen mindestens 30 cm, an den Giebeln mindestens 20 cm überstehen.

- Lehmmörtel kann in Räumen mit stoßweiser hoher Luftfeuchtigkeit bzw. Tauwasserbildung wegen seiner hohen Feuchtigkeitsspeicherwirkung gut verwendet werden. Bei ständiger Feuchteeinwirkung verliert Lehm allerdings seine Festigkeit. Die Verwendung unter Fliesen ist nicht zu empfehlen

Abnutzung

Die Verwendung von Lehm für Fußböden in Kellerräumen aber auch Wohnräumen ist möglich. Besonders in Getränkekellern sind Lehmböden wegen der darin herrschenden ausgeglichenen Luftfeuchtigkeit sehr beliebt. In Wirtschaftsgebäuden der Landwirtschaft werden Lehmböden verwendet, da sie befahrbar, dauerhaft, leicht zu reparieren und für Tiere huffreundlich sind (über die Abriebfestigkeit von Lehmböden vgl. z.B. *Minke*, S.62, /8/).

Brandverhalten

In DIN 18 951 sind in Bezug auf den Brandschutz folgende Aussagen enthalten (vgl. /12/):

- Lehm ist nicht brennbar, auch wenn ihm pflanzliche Zusatzstoffe zur Magerung beigemengt sind.

- Lehmwände mit einer Dicke von mindestens 25 cm gelten als feuerbeständig.

- Brandwände aus Lehm dürfen mit einer Mindestdicke von 38 cm hergestellt werden, wenn sie ohne Holz und frei von Holzeinbindungen massiv ausgeführt werden.

In der DIN 4102 und ÖNORM B 3800 ist Lehm nicht genannt.

3.3 Ökologische Eigenschaften

Die ökologischen Eigenschaften des Lehms (Tabelle 3-11) werden vom Energieeinsatz bei der Verarbeitung und von Transport bestimmt.

Tabelle 3-11 Ökocharakteristik von Baulehm /9/

Lebenszyklus	Umwelt-charakteristik	Energiebedarf [kWh]	Anmerkungen
Verfügbarkeit	+	xxx	abiotisch endlich
Herstellung	+	5-10	Aushub, Aufbereitung, evtl. Zuschläge (Stroh), Verarbeitung (Stampflehmwand)
Gebrauch	+	xxx	Lehm wird für Heilzwecke verwendet
Sanierung und Umbau	+	$0,05/m^2$	Die Lebensdauer ist entsprechend der Vorkehrungen des konstruktiven Lehmschutzes und kann einige 100 Jahre erreichen.
Abbruch	+	5	Für Abbrucharbeiten ist der Maschineneinsatz und der Aufwand an menschlicher Energie einzusetzen.
Recycling	+	1	Wenn der Lehm direkt an der Baustelle aufbereitet und wiederverwendet wird beschränkt sich der Energieaufwand für die Aufbereitung. Die Rückführung in den Naturkreislauf an der Baustelle ist ebenfalls möglich.
Transport	-		Wird kein Baustellenlehm verwendet verschlechtert sich die ökologische Bilanz aufgrund der hohen Dichte des Lehms und den dadurch anfallenden Emissionen beim Transport erheblich.
+ ... ökologisch günstig; 0 ... ökologischer Standard; - ökologisch ungünstig			

3.4 Prüfung – Anwendung

3.4.1 Prüfung von Baulehm

Ziel der Prüfungen ist es, die bautechnischen Eigenschaften des Lehms und damit seine Eignung für das gewünschte Lehmbauverfahren zu beurteilen, bzw. erforderliche Maßnahmen zur Aufbereitung festzulegen. Für die Normenprüfung von Baulehm sind nach der Probenentnahme gemäß DIN 18 952/Blatt 2 folgende Untersuchungen durchzuführen:

- Bindekraftprüfung

- Trockenschwindverhalten

- Aufschlämmbarkeit

- Druckfestigkeit.

Probenentnahme

Da die Zusammensetzung in den Lagerstätten meist sehr unterschiedlich ist, sind so viele Proben zu prüfen, daß eine Gesamtbeurteilung möglich wird. Es sind dazu jeweils Proben von 2 Litern zu entnehmen und nach ihrer Lage zu kennzeichnen. Die Probeentnahmestelle muß mindestens 50 cm tief sein, der Lehm darf keine organischen Verunreinigungen enthalten.

Bindekraft

Der Widerstand, den plastischer Lehm beim Zugversuch leistet, heißt Bindekraft. Die Ermittlung der Bindekraft erfolgt in fünf Schritten.

- Aufbereitung der Lehmprobe: Alle Körnungen über 2 mm werden ausgesiebt und der Anteil über 2 mm festgestellt. Anschließend wird der Lehm unter geringer Wasserzugabe durch Hämmern so lange bearbeitet, bis ein gleichmäßiges Gefüge erreicht wird. Danach muß der Lehm unter einem feuchten Tuch zur gleichmäßigen Verteilung der Feuchte ruhen (i.a. 6 Stunden, fetter Lehm 12 Stunden).

- Herstellung der Normsteife: 200 g des Lehms werden durch Aufschlagen verdichtet und zu einer Kugel geformt. Eine Normsteife gilt dann als erreicht, wenn die Lehmkugel bei einer Fallhöhe von 2 m eine Abplattung von 50 mm erreicht.

- Anfertigung von drei Probekörpern (Abbildung 3-3)

- Bindekraftprüfung: Der Probekörper wird sofort nach seiner Fertigstellung im Zugfestigkeitsprüfgerät geprüft (Abbildung 3-3). Als Zugfestigkeit gilt der Mittelwert aus drei Prüfungen, die nur 10 % voneinander abweichen dürfen.

- Zuordnung des Lehms in eine Bindekraftklasse nach Tabelle 3-1. Lehm mit einer Bindekraft kleiner als 50 g/cm^2 (0,005 N/mm^2) ist als Baulehm unbrauchbar.

**Abmessungen des Achterlings
zur Bindekraftprüfung**

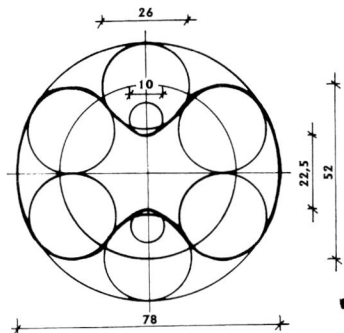

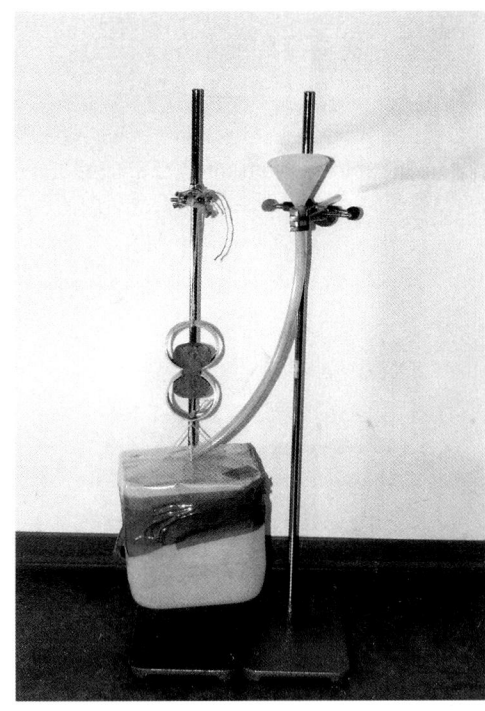

Rechnungsquerschnitt 5 cm²

**Abbildung 3-3   links: Probekörper (Achterling) für die Prüfung der Bindekraft
(Rechnungsquerschnitt 5 cm²); rechts: einfache Baustellenausführung zur
Bindekraftprüfung**

Die Bindekraft gibt im wesentlichen Auskunft über den Tongehalt und ist daher bestimmend
für das zu wählende Lehmbauverfahren bzw. die erforderliche Aufbereitung.

Trockenschwindverhalten

Das Trockenschwindverhalten wird an zwei Prüfkörpern entsprechend Abbildung 3-4
ermittelt. Der Lehm wird in die Form gestampft und sofort ausgeschalt. Auf der flachen Seite
des Probekörpers werden Meßmarken eingeritzt. Auf einer mit einem Ölfilm bestrichenen
Glasplatte läßt man den Probekörper drei Tage bei ca. 20 °C trocknen und anschließend bis
zur Längenkonstanz bei 60 °C lagern.

Als Trockenschwindung gilt der Mittelwert von zwei Probekörpern, deren Schwinden nicht
mehr als 2 mm auseinander liegen dürfen. Danach wird der Lehm entsprechend Tabelle 3-7
eingeteilt.

Dieser Versuch eignet sich aufgrund der Probekörpergröße natürlich nicht für steinige Lehme
und Lehme die mit Zuschlägen (Stroh, Holz, Blähton) aufbereitet wurden.

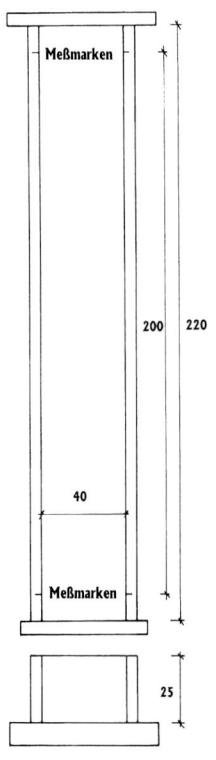

Probekörper zur Ermittlung des Trockenschwindmaßes

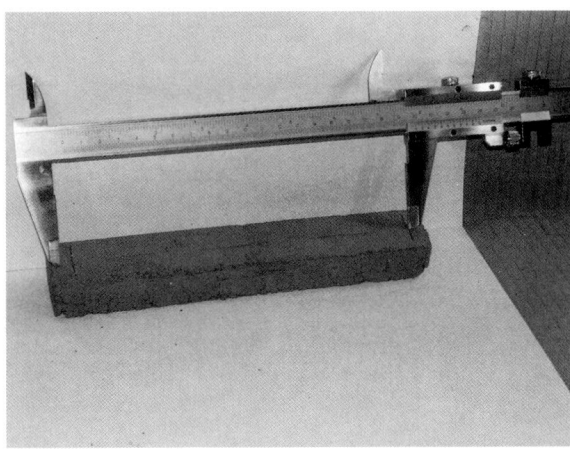

Abbildung 3-4 Form zur Ermittlung der Trockenschwindung nach DIN 18 952 und Beispiel eines Probekörpers Die Schiebelehre ist zur Verdeutlichung des Schwindens auf 20 cm eingestellt, die linke Meßmarke wird von der Schiebelehre um ca. 5 mm überragt.

Mit Hilfe des Trockenschwindverhaltens können Abschätzungen über den Tonanteil bzw. über die vorhandenen Tonminerale gemacht werden.

Aufschlämmbarkeit

Die Aufschlämmbarkeit des Lehms wird an ebenso hergestellten Probekörpern wie die Trockenschwindung ermittelt. Dabei wird der Probekörper 50 mm in Wasser gehängt, und die Zeit gemessen, bis sich der im Wasser befindliche Teil vom übrigen Probekörper trennt.

Ist der eingetauchte Teil des Probekörpers innerhalb einer Stunde abgetrennt, so ist der Lehm leicht aufschlämmbar. Dauert es länger, so ist der Lehm schwer aufschlämmbar (vgl. /12/).

Lehme die weniger als 45 Minuten zum Aufschlämmen benötigen sind als Baulehme ungeeignet.

Die Aufschlämmbarkeit gibt u.a. Aufschluß über die Kornzusammensetzung, z.B. zerfallen feinsandige, tonarme Lehme sehr schnell.

Versuchsanfang   Versuchsende

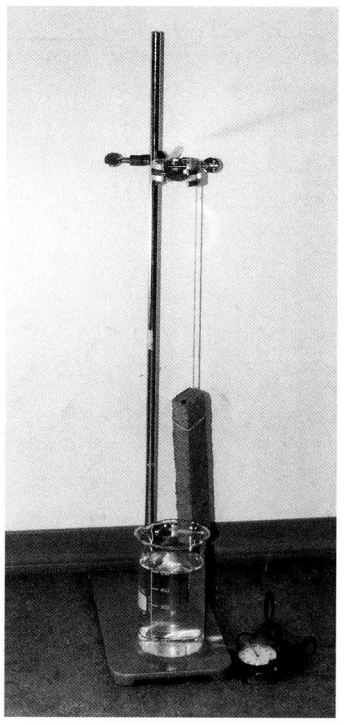 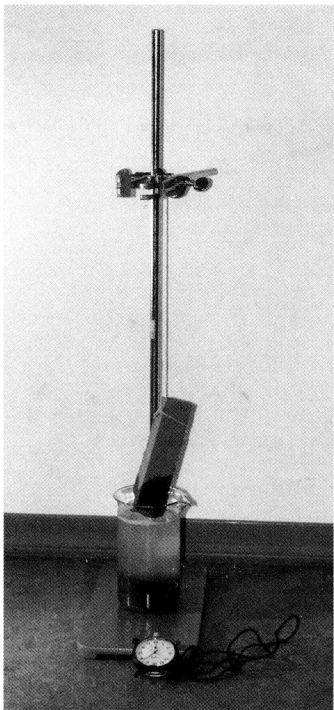

Abbildung 3-5 Feststellung der Aufschlämmbarkeit nach DIN 18 952 Blatt 2

Druckfestigkeit des Baulehms

Für die Druckfestigkeitsprüfung werden nach DIN 18 952 fünf Probewürfel (*a = 7 cm* oder *30 cm*) aus gebrauchsfertigem Lehm hergestellt und auf die gleiche Weise verdichtet, wie es bei der Bauausführung beabsichtigt ist. Die Trocknung der ausgeschalten Würfel (Raumtemperatur) kann vom sechsten Tag an durch eine Lagerung bei 60 °C beschleunigt werden. Die Trocknung ist beendet, wenn an einem zusätzlich hergestellten Würfel festgestellt wird, daß der Kern trocken ist. Die Würfel werden anschließend mit Mörtel abgeglichen und in einer Druckpresse abgedrückt.

Als Druckfestigkeit des Lehms wird der Mittelwert aus Druckversuchen von drei Probewürfel angegeben, wobei die Einzelwerte der Versuche nicht mehr als 20 % vom Mittelwert abweichen dürfen.

In Tabelle 3-12 sind die zulässigen Druckspannungen für Wände und Stützen in Abhängigkeit der Würfeldruckfestigkeit entsprechend DIN 18954 zusamengestellt.

Tabelle 3-12   Zulässige Druckspannungen für Wände und Stützen in Abhängigkeit der Würfeldruckfestigkeit und der Rohdichte nach DIN 18 954

Rohdichte des trockenen und verdichteten Lehms	Druck-festigkeit	Zulässige Druckspannungen in kg/cm² (N/mm²)					
kg/m³	kg/cm² (N/mm²)	Wand	Pfeiler mit einer Schlankheit h/d von				
			11	12	13	14	5
1600	20 (2)	3 (0,3)	3 (0,3)	2 (0,2)	1 (0,1)	-	-
bis	30 (3)	4 (0,4)	4 (0,4)	3 (0,3)	2 (0,2)	1 (0,1)	-
2200	40 (4)	5 (0,5)	5 (0,5)	4 (0,4)	3 (0,3)	2 (0,2)	1 (0,1)

3.4.2 Anwendung

Lehm kann sowohl für Wände und Decken, aber auch als Mörtel, Putz oder Estrich im Bauwesen verwendet werden.

Wandkonstruktionen

Bei Wandkonstruktionen mit Lehm unterscheidet man die Anwendung von Lehm bei:

- tragender Bauweise

- Skelettbauweise.

Tragende Lehmwände können aufgrund der Druckfestigkeit nur für Gebäude mit beschränkter Höhe verwendet werden. DIN 18 951 begrenzt die Höhe für Außenwände, abgesehen von den Giebelwänden, mit einem Vollgeschoß, d.h. inklusive eines Kniestockes mit einer Höhe von 4 m. Zweigeschoßige Lehmbauten sind nur unter Vorlage eines Gutachtens gestattet (vgl. /12/).

Folgende Konstruktionsformen sind u.a. für tragende Lehmwände geeignet:

- *Wellerbau:* Schichtenweises Aufsetzen von Strohlehm – ohne Schalung – mit der Heugabel und festtreten, nach dem Trocknen abstechen mit dem Spaten, nach weiterem Trocknen aufbringen der nächsten Schicht (Wanddicke ≥ 38 cm).

- *Lehmstampfwände:* Einbringen von erdfeuchtem Lehm in eine Schalung in Schichten von ca. 10 cm und Feststampfen (Außenwände ≥ 38 cm, tragende Innenwände ≥ 25 cm).

- *Lehmsteinwände:* Vorfertigung von Lehmsteinen, versetzen und vermörteln im Verband *Lehmbatzenbau:* mit Lehmbatzen (Lehmbrote) werden im feuchtplastischem Zustand ohne Mörtel Wände im Verband errichtet.

Bei Skelettkonstruktionen wird eine Skelettkonstruktion (meist Holz) als tragende Konstruktion errichtet. Der Raumabschluß erfolgt dann in vielen Fällen als Ausfachung, wobei auf die Verbindung tragende Konstruktion – Ausfachung zu achten ist (Abbildung 3-6):

- *Zinseltechnik:* Flechtwerk (z.B. Weiden) zwischen den Stützen, das von innen und außen mit Strohlehm beworfen wird.

- *Stakbau:* Staken (Leisten, Haselstecken) werden zwischen Lagen aus Strohlehm in Nuten oder Leisten (auf den Stützen) eingebracht.

- *Leichtlehmbau:* Leichtlehm (Strohlehm, Holzlehm, Lehm mit mineralischen Zuschlägen) wird in Schalung gestampft, oder in Form vorgefertigter Elemente (Steine, Platten) als Ausfachung eingebaut.

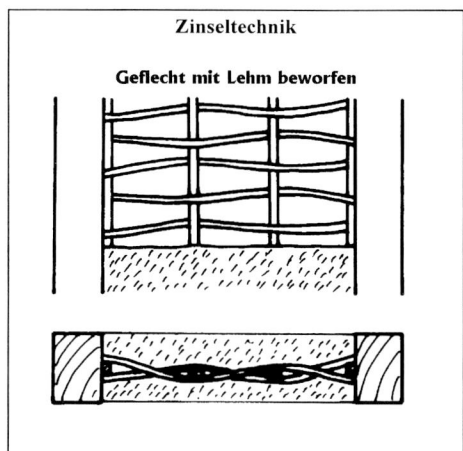

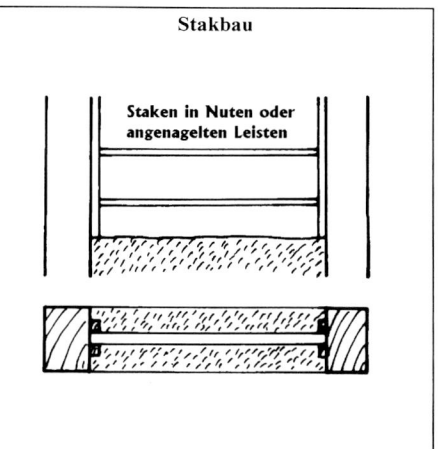

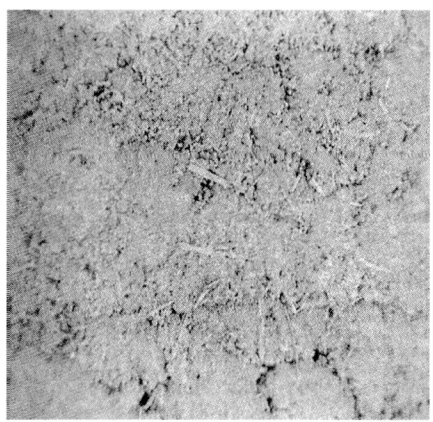

Abbildung 3-6 Ausführung von Lehmwänden und Oberflächenstruktur einer Leichtlehmwand

Decken

Bei Decken kann Lehm als Füll- oder Abdeckmaterial (Lehmschlagdecken) oder auch als tragendes Element verwendet werden. Bei tragenden Decken besteht die primäre Tragstruktur aus Holzbalken, die Sekundärtragstruktur zwischen den Balken aus Holzstaken (Leisten). Die

Holzstaken können bereits vor dem Einbau mit Strohlehm umwickelt und anschließend mit Lehm verstrichen werden (Wickeldecken). Bei einer anderen Konstruktionsform werden vorher die Staken eingebaut und anschließend der Lehm aufgebracht. Der zwischen den Staken durchdringende Lehm wird an der Unterseite verstrichen. Die Dimensionierung der Träger und Staken entscheidet über die Tragfähigkeit der Deckenkonstruktion. Beispiele für Decken mit Lehmanwendungen sind in Tabelle 3-13 zusammengestellt.

Tabelle 3-13 Beispiele für Decken mit Lehmanwendungen (Hütte /15/)

Balkenlage mit gestrecktem Windelboden darüber	Balken 24/26 cm Schleetstangen d = 7 cm Lehm	41 kg 25 kg 160 kg 226 kg
Balkenlage mit halbem Windelboden, bestehend aus Stakung mit Lehmstroh umwickelt oder aus Füllbrettern auf angenagelten Latten und aus Lehmschlag sowie einem 3,5 cm starken Fußboden	Balken 24/26 cm Stakhölzer d = 3 cm Latten 4/6 cm Dielen 3,5 cm Lehmschlag 11 cm	41 kg 15 kg 3 kg 23 kg 134 kg 216 kg
Balkenlage mit ganzem Windelboden, unterhalb mit Lehm verstrichen, oberhalb mit 3,5 cm starkem Fußboden	Balken 24/26 cm Dielen 3,5 cm Stakhölzer d = 4 cm Latten 4/6 Lehmschlag	41 kg 23 kg 16 kg 3 kg 274 kg 357 kg
Balkenlage mit Stülpdecke und Lehmschlag	Balken 24/26 cm Dielen 3 cm Lehmschlag	41 kg 20 kg 148 kg 209 kg

Lehmmörtel, Putze, Estriche

Lehm kann sowohl als Mauer- als auch als Putzmörtel auf allen rauhen Oberflächen verwendet werden. Aufgrund der geringen Witterungsbeständigkeit ist Lehmputz im Außenbereich speziell auf der Wetterseite problematisch, dort sollte auf Lehmputz verzichtet werden. Hier eignet sich z.B. Kalktraßputz[5], der aber, da er sich mit der Lehmwand nur mechanisch verbindet, eine Vorbehandlung der Lehmwand benötigt (z.B. starkes Aufrauhen).

Für Lehmputze[6] verwendet man bei gut bindigem Lehm zur Abmagerung (Schwindrisse) resche (scharfkantige) Quarzsande. Um die Bindekraft zu erhöhen, werden dem Putz Faserstoffe (Strohhäcksel, Flachs) beigemengt, auch die Beimengung von Rinderblut als Zusatzmittel zur Erhöhung der Festigkeit ist möglich. Als zusätzlicher Schutz kann ein Anstrich mit Kalk-, Wasserglas-, Caseinfarben oder Borax aufgebracht werden.

Lehmputz darf nicht unter Fliesen verwendet werden.

Lehmestriche

Für Lehmestriche mit einer Stärke von 8 bis 20 cm wird nicht zu grobkörniger und zu feuchter Lehm (Trockenschwindung < 5 mm) mit Faserstoffen (Strohhäcksel, Gerstenspreu, Kuhhaare) vermengt, und in feuchtem Zustand schichtenweise eingebracht und gestampft. Die nach dem Trocknen der jeweiligen Schicht auftretenden Risse werden wieder zugestampft, solange bis keine Risse mehr auftreten. Zur Erreichung größerer Härte kann neben den Faserstoffen auch Rinderblut, Asche oder auch Kalk beigemengt werden /13/. Zu große Kalkanteile bewirken aber, daß nach einigen Jahren Schäden auftreten, da sich das Lehm-Kalkgemisch wie ein schlechter Mörtel verhält.

Anstriche

Für Anstriche auf Lehmputz oder direkt auf Lehmbauteilen können Kalk-, Leim- und Wasserglasfarben, verwendet werden. Ölfarben, Lacke und Bitumenemulsionen haften auf Lehm, gehen aber keine Verbindung mit dem Lehm ein. Sinnvoll sind diffusionsoffene Anstriche, da es sonst in den meisten Fällen zu Ablösungen des Anstriches kommt. Sehr gute Ergebnisse wurden im Innenbereich mit Caseinfarben erzielt. Im Spritzwasserbereich (z.B. beim Waschbecken) sind Wasserglas bzw. Silikatfarben empfehlenswert[7].

---

[5] Kalkputz ist im Vergleich zu Lehm starr und kann daher die Bewegungen der Lehmwand nur bedingt mitmachen, was zu großflächigen Ablösungen führen kann. Auf Massivlehm wird daher oft ein faserreicher Lehmunterputz als elastische Zwischenschicht aufgebracht.

[6] Lehmputze werden bereits auch als Spritzputze angeboten.

[7] Information der Fa. Natur und Lehm (Spritzputze)

Beispiel für Lehmmischungen für Stampflehm- und Leichtlehmbau

Für die Anwendung im *Stampfbau* eignen sich steinige Lehme mit einer ausreichenden Bindekraft (fast fette Lehme). Tabelle 3-14 enthält Vorschläge für praktische Mischungsverhältnisse für Lehm, Kies, Steine und Faserstoffe (vgl. S.48 /12/) in Abhängigkeit der Bindekraft des Lehmes. Es sind aber in jedem Fall die weiteren Lehmeigenschaften im Zusammenhang mit der Anwendung zu prüfen um evtl. Schäden vorzubeugen.

Tabelle 3-14 Mischungsverhältnisse für den Lehmstampfbau in Abhängigkeit der Bindigkeit.

Bindekraft g/cm² (N/mm²)	Lehm : Kies ($\leq$ 50 mm)	kg Faserstoffe pro 1 m³ loser Lehmmasse
110 (0,011)	4,0 : 1	4
160 (0,016)	3,5 : 1	5
200 (0,020)	3,0 : 1	6
240 (0,024)	2,5 : 1	8
280 (0,028)	2,0 : 1	10
320 (0,032)	1,5 : 1	12
360 (0,036)	1,0 : 1	14

Zur Aufbereitung wird der möglichst krümelige, in Haufen gelagerte Lehm in 20 cm hohe Schichten ausgebreitet, darauf die Zuschlagstoffe aufgebracht, gemeinsam durchgehackt und evtl. Wasser beigegeben. Der Lehm ist fertig aufbereitet, wenn er keine Knollen von Lehm oder Ton enthält. Um eine gleichmäßige Feuchteverteilung zu erreichen, sollte der Lehm vor der Verwndung noch 24 Stunden ruhen.

Für den *Leichtlehmbau* eignen sich im allgemeinen Lehme mit einer Bindekraft größer 200 g/cm² (Tabelle 3-15). Die Länge der Faserstoffe wird in Abhängigkeit der geringsten Bauteildicke gewählt. Zur Herstellung wird der Lehm mit Wasser solange aufgeschlämmt bis er von der Schaufel abläuft. Anschließend wird diese Lehmschlämme über ca. 10 cm dicke Schichten der Faserstoffe gegossen und wieder Lehmschlämme darübergegossen (bis zu 10 mal). Danach werden Lehmschlämme und Faserstoffe kräftig durchgemischt bis alle Faserstoffe von Lehmschlämme umgeben sind.

Tabelle 3-15 Anteil der Faserstoffe für Leichtlehm in Abhängigkeit der erforderlichen Dichte

Dichte des Leichtlehms	erforderliche Menge an Faserstoffen pro m³ Lehmmasse
1400	40 kg
1200	50 kg
1000	60 kg
800	70 kg
600	80 kg

4 DÄMMSTOFFE

4.1 Grundlagen

Als Dämmstoffe werden Baustoffe bezeichnet, die vorwiegend zur Wärme, und/oder Schalldämmung verwendet werden. In diesem Zusammenhang definiert die ÖNORM B 6000 für Wärmedämmstoffe eine max. Wärmeleitzahl von $\lambda \leq 0,1$ W/m·K. Dieser Wert ist nicht ganz sachgerecht gewählt, da danach z.B. Blähperlite oder Blähtone nicht als Dämmstoff einzuordnen sind.

Als Naturdämmstoffe kommen u.a. folgende Materialien zur Anwendung:

- Baumwolle
- Flachs
- Hanf
- Holzfaserweichplatten
- Holzwolleleichtbauplatten

- Kokosfasern
- Kork
- Perlite
- Schafwolle
- Schilf

- Stroh
- Vermiculit
- Cellulosefasern
- Papier-/Jutefaserplatten
- Blähton.

Die Auswahl an natürlichen Dämmstoffen ist sehr groß. Eine Bewertung in „gut" oder „schlecht" ist in Anbetracht der Komplexität des Themas nicht möglich. Der optimale Einsatz eines Dämmstoffes ist vom jeweiligen Anwendungsfall – innen oder außen, freiliegend oder luftabgeschlossen – und aus ökologischer Sicht vor allem von der Verfügbarkeit und dem Aufbereitungsgrad des Materials abhängig. Aufgrund der geringen Dichte der meisten Dämmstoffe wirken sich bei einer ökologischen Bilanzierung lange Transportwege besonders negativ aus (schlechte LKW Ausnutzung).

Dämmstoffe können gesundheitsschädliche Chemikalien oder Fasern enthalten, welche die Raumluft von Gebäuden belasten, wenn sie den Dämmstoff verlassen können (z.B. beim Einbau oder im Zuge der Nutzung). Die gesundheitsschädliche Wirkung von Fasern ist u.a. von der Faserlänge und dem Faserdurchmesser der Einzelfasern abhängig (siehe auch Abschnitt A Schadstoffe). Faserstoffe können krebserregend wirken, wenn sie klein genug sind, im Körper nicht abgebaut werden bzw. eine ausreichende Beständigkeit aufweisen.

Fasern mit einer Länge kleiner 5 µm und einem Durchmesser kleiner 3 µm dringen in die Lunge ein und können nicht mehr ausgehustet werden, d.h. sie sind lungengängig. Voraussetzung für ein gesundheitsgefährdetes Potential in der Lunge ist ein Verhältnis von $l:d = 3:1$. Je länger solche Fasern in der Lunge bleiben, desto größer ist die Krebsgefahr. Asbestfasern besitzen eine sehr hohe biologische Beständigkeit (bis über 100 Jahre), künstliche Mineralfasern eine biologische Beständigkeit bis zu einigen Jahren, biogene Fasern besitzen im allgemeinen nur eine relativ kurze biologische Beständigkeit. Ein weiteres Kriterium für die gesundheitliche Beurteilung mineralischer Fasern ist ihr Vermögen sich in Längsrichtung aufzuspalten und damit ihr toxisches Potential im biologischen Gewebe zu vervielfältigen.

Biogene Dämmstoffe sind leichtbrennbar (B3) oder normalbrennbar (B2), sie müssen deshalb mit einem Flammschutzmittel behandelt oder so eingebaut werden, daß sie im Zuge der Nutzung nicht abbrennen können. Flammschutzmittel können den Brand nicht verhindern, sondern nur die Brandentstehung erschweren. Als unbedenkliche Flammschutzmittel gelten, nach derzeitigem Stand des Wissens u.a. folgende Salzlösungen:

- *Borax:* (ein Salz der Borsäure – Natriumtetraborat) ist ein natürliches Mineral, das sich gelöst im Wasser von Salzseen findet und im Bodenschlamm oder an den Ufern kristallisiert (*Zwiener* /6/). Borax wird als Zusatzstoff gegen die Verrottung und zur Verbesserung des Brandverhaltens von Dämmstoffen sowie zum vorbeugenden biologischen Holzschutz verwendet. Borax ist für den Menschen praktisch ungiftig, allerdings pflanzen- und fischtoxisch.

- *Mischungen von Wasserglas und Borax (1:1).* Wasserglas (Kaliumsilikat oder Natriumsilikat) ist im reinen Zustand durchsichtig, farblos, im kalten Wasser unlöslich und zersetzt sich in der Luft. Neben der Verwendung als Flammschutzmittel wird es für die Trocknung von Gasen, zur Bereitung von Kitten und Klebstoffen, zur Herstellung von Beizen, als Zusatz zu Seife, Wasch- und Reinigungsmittel, zu Bodenarbeiten und -verdichtung und als Erstarrungsbeschleuniger für Beton angewandt. Der Einsatz in Baustoffen gilt als unbedenklich.

- *Bittersalz (Magnesiumsulfat)* ist ein farbloser Kristall, der sich in Wasser mit bitterem Geschmack leicht löst. Es wird als Schutzimprägnierung für Holzwolleleichtbauplatten verwendet. Die Imprägnierung schützt vor Verrottung, allerdings nicht gegen Schädlingsbefall. Der Einsatz in Baustoffen gilt als unbedenklich.

Kommt es zu einem Brand, ist eine geringe Qualmbildung aufgrund des erhöhten Orientierungsbedarfs im Panikzustand ein wesentlicher Faktor für die Flucht und die Rettung. Es wird daher bei den Qualmbildungsklassen (laut ÖNORM B 3800/Teil 1) die Lichtabsorption in % gemessen (Tabelle 4-1). Daneben ist auch die Tropfenbildung (brennendes Abtropfen) nach ÖNORM B 3800/Teil 1 zu beachten. Im allgemeinen sind Dämmstoffe diesbezüglich jedoch unbedenklich.

Tabelle 4-1   Qualmbildungsklassen nach ÖNORM B 3800

Qualmbildungsklasse	Lichtabsorption
Q1	< 50 %
Q2	50 – 90 %
Q3	90 %

Die Beurteilung der Brandgastoxizität ist allgemeingültig nicht möglich, da die beim Brand entstehenden Gase und die Brandbedingungen zu unterschiedlich sind. Es ist bis heute nicht möglich gewesen sich untereinander auf allgemein akzeptierte Prüfverfahren zu einigen, obwohl in der ISO schon seit Jahrzehnten daran gearbeitet wird.

4.2 Baumwolle

Rohstoffe – Baustoff

Baumwolle wird von der Baumwollstaude gewonnen, einem krautigen Malvengewächs mit meist gelben Blüten, die im tropischen und subtropischen Klima vorkommt. Bei der Reife, ca. 8 bis 9 Monate nach der Anpflanzung, springen die Fruchtkapseln auf, aus denen ein weißer Bausch von Fasern quillt. Die ca. 15 bis 45 mm langen einzelligen Fasern besitzen eine flache bandartige Form mit verdickten Rändern (Abbildung 4-1).

Abbildung 4-1 Baumwollblüte und Baumwollfaserdämmstoff

Technische Anwendung

Die technischen Anwendungsmöglichkeiten sind in Tabelle 4-2, die bautechnischen Rechenwerte in Tabelle 4-3 zusammengestellt. Derzeit werden Baumwolldämmstoffe als Stopfwolle, Blaswolle oder Dämmplatten angeboten.

Tabelle 4-2 Anwendungsmöglichkeiten von Baumwolldämmstoffen

Dämmstoff	Außenwand				Innen	Dach				Decke			
Lieferform	außen	innen	Kern	gegen Erdr.	gegen unbe-heizt	Schräg-dach außen	Schräg-dach innen	Um-kehr-dach	Flach-dach	oberste Gesch. decke	Decke innen	Tritt-schall-dämm.	Keller-boden innen
Stopfwolle	-	(+)	(+)	-	-	-	(+)	-	-	(+)	(+)	-	-
Blaswolle	-	+	+	-	+	-	+	-	-	+	+	(+)	-
Platten	+	+	+	-	+	-	+	-	-	(+)	+	-	-
+	geeignet, uneingeschränkt verwendbar												
(+)	bedingt geeignet, mit Vorbehalten verwendbar												
–	nicht geeignet, für diesen Anwendungsfall nicht verwendbar												

Tabelle 4-3 Rechenwerte für Bauwolldämmstoffe (Produktinformation *Fa. Isocotton*)

	ρ	λ	s´	μ	c	Brennb.	Qualmb.	Tropfenb.
	kg/m³	W/m·K	MN/m²	-	kJ/kg·K	Klasse	Klasse	Klasse
Stopfwolle	> 3		-	1 – 2	0,84	B2	Q1	-
Blaswolle	25 – 40	0,04	-	1 – 2	0,84	B2	Q1	-
Dämmplatte	20	0,04	-	1 – 2	0,84	B2	Q1	-

Ökologische Betrachtung

Die reifen Kapseln werden entweder mit der Hand (ca. 100 Std./t) oder maschinell gepflückt (Vacuumpflücker oder Spindelpflücker). Der Ertrag liegt bei ca. 0,2 t Baumwolle/ha. Nach einer Lagerung von ca. 3 bis 4 Wochen werden die Fasern von den Samen getrennt (Engreniermaschinen), in Ballen gepreßt und zur Weiterverarbeitung transportiert. Die ökologische Charakterisierung während des Lebenswegs von Baumwolldämmstoffen ist in Tabelle 4-4 zusammengefaßt /2/.

Tabelle 4-4 Ökologische Charakterisierung von Baumwolldämmstoffen (ρ = 25 kg/m³)

Lebensweg	Umwelt-charakteristik	Energie-bedarf [kWh]	Anmerkung
Rohstoffe	+		nachwachsender Rohstoff (biotisch regenerierbar)
Herstellung	+	35/m³	Anbau: Ernte: Pflücken, Lagern, Pressen, Transport
		≤ 12,5/m³	Verarbeitung der Rohbaumwolle: zerreißen, reinigen, imprägnieren, trocknen, verspinnen, schichten, vernadeln, schneiden, verpacken
			Input während der Herstellung: Samen, Düngemittel, Pestizide, Diesel Impägnierung (30kg Borax /t) Luft, Wasser, Paletten, PE-Foliensäcke
			Output während der Herstellung:
			Luft- und Bodenschadstoffe, Abwasser
			Rohbaumwolle: 0,2 t/ha
Gebrauch	+	xxx	wenn keine gesundheitsgefährdenden Pflanzenschutzmittel verwendet wurden unbedenklich
Sanierung / Umbau	+	0,024/m²	über die Lebensdauer gibt es kaum Erfahrungswerte, Baumwollgewebe besitzt eine hohe Lebensdauer, bei unzureichendem Schutz Befall von Motten möglich
Abbruch	+	0,004/m²	kein Maschinenaufwand erforderlich
Recycling	+	k.A.	wiederverwendbar, bzw. kompostierbar
Transport	-	ca. 7033 – 7590/t	hoher Anteil an Transportenergie bei Verwendung im mitteleuropäischem Raum
xxx keine Angaben möglich, k. A. derzeit keine Angaben verfügbar			

4.3 Flachs

Rohstoffe – Baustoff

Flachs oder Lein (*linum usitatissimum* = der Allernützlichste) ist ein einjähriges ca. 80 bis 100 cm hohes krautiges Storchenschnabelgewächs mit blauen Blüten und Kapselfrüchten. Nach der Aussaat (meist im April) kann nach 3 bis 4 Monaten geerntet werden. Die Leinsamen dienen als Nahrungsmittel (z.B. Müsli) und können zu Leinöl gepreßt werden, das u.a. als Anstrichmittel verwendet wird. Die Stengel enthalten Fasern die je nach Aufbereitungsgrad zu Dämmstoffen oder Leinen verarbeitet werden können (Abbildung 4-2).

Abbildung 4-2   Flachs, Pflanze gerissen mit Samen und Flachsdämmatte

Technische Anwendung

Flachs wird in der gleichen Weise wie anderen faserigen Dämmstoffen verwendet (Tabelle 4-5). Tabelle 4-6 enthält die bautechnischen Rechenwerte.

Tabelle 4-5   Anwendungsmöglichkeiten von Flachsdämmstoffen

Dämmstoff	Außenwand				Innen	Dach				Decke			
Lieferform	außen	innen	Kern	gegen Erdr.	gegen unbe- heizt	Schräg- dach außen	Schräg- dach innen	Um- kehr- dach	Flach- dach	oberste Gesch. decke	Decke innen	Tritt- schall- dämm.	Keller- boden innen
Stopfwolle	-	(+)	(+)	-	-	-	(+)	-	-	(+)	(+)	-	-
Dämmatte	+	+	+	-	+	-	+	-	-	(+)	+	-	-
Platten	+	+	+	-	+	-	+	-	-	(+)	+	-	-
+ geeignet, uneingeschränkt verwendbar (+) bedingt geeignet, mit Vorbehalten verwendbar − nicht geeignet, für diesen Anwendungsfall nicht verwendbar													

Tabelle 4-6 **Rechenwerte für Flachsdämmstoffe (Produktinformation *Fa. Waldviertler Flachsverarbeitung bzw. Fa. Heraklith* /2/)**

	ρ	λ	s´	μ	c	Brennb.	Qualmb.	Tropf.
	kg/m³	W/m·K	MN/m²	-	kJ/kg·K	Klasse	Klasse	Klasse
Stopfwolle	40 – 50	0,045	-	1	k.A.	B3	Q1	Tr1
Dämmatte	20 – 40	0,04	-	1	k.A.	B2	Q1	Tr1
Dämmplatte	ca. 20	0,042	-	-	k.A.	B2	Q1	Tr1

Ökologische Betrachtung

Ungefähr 3 Wochen nach der Blüte werden die Pflanzen mit Hilfe einer Raufmaschine mit der Wurzel ausgerissen und ca. 6 – 8 Wochen zur Verrottung (Tauröste) aufgelegt, um die darin befindlichen Fasern auslösen zu können. Anschließend wird der Flachs in Ballen gepreßt. Zur Herstellung werden die Samenkapseln vom Stroh getrennt (Riffelmaschinen), die Fasern vom Holz der Stengel getrennt (Brechen, Schwingen) und gesäubert. Die dabei entstehende Wergwolle wird zur Verwendung als Stopfwolle wegen der Staubläuse mit Kalk oder 10-%iger Borsalzlösung behandelt. Zur Herstellung von Dämmatten wird der Flachs in ein entsprechendes Werk transportiert.

Tabelle 4-7 **Ökologische Charakterisierung von Flachsdämmstoffen (ρ = 20 kg/m³) /2/**

Lebensweg	Umwelt-charakteristik	Energie-bedarf [kWh]	Anmerkung
Rohstoffe	+		biotisch regenerierbar
Herstellung	+		*Anbau*: Leinsamen (130 kg/ha), Düngung (Phosphor 20 kg/ha, Kalium 20 kg/ha, Stickstoff 10 kg/ha, Zinksulfat), Pestizide (Basagram 2 – 3 l/ha), 1 t Stopfwolle bindet langfristig ca. 1650 kg CO_2
			geröstete Flachsballen (4 – 6 t/ha)
		0,96/m³	Stopfwolle in Preßballen
		k.A.	Weiterverarbeitung zu Dämmatten
Gebrauch	+	xxx	unbedenklich
Sanierung / Umbau	+	0,024/m²	über die Lebensdauer gibt es kaum Erfahrungswerte, Leinen besitzt eine hohe Lebensdauer
Abbruch	+	0,004	kein Maschinenaufwand erforderlich
Recycling	+	k.A.	wiederverwendbar, bzw. kompostierbar
Transport	-		hoher Anteil an Transportenergie bei Matten, wenn die Wergwolle in weit entfernten Werken weiterverarbeitet wird.
		50 l/t	Stopfwolle
		833 l/t	Dämmatten (aufgrund des Transportweges zum Werk)
xxx keine Angaben möglich, k. A. derzeit keine Angaben verfügbar			

4.4 Hanf

Rohstoffe – Baustoff

Hanf (*Cannabis sativa*) ist eine ca. 1,5 bis 2,5 m hohe Pflanze mit fingerförmigen Blättern und hellgrauen Früchten (Abbildung 4-3). Hanf wird im April gesät, benötigt eine ausreichende Düngung, ist jedoch gegen Schädlinge relativ resistent. Die Ernte erfolgt. nach ca. 4 Monaten (August). Hanf ist eine alte Kulturpflanze und wurde zur Fasergewinnung, Ölherstellung und als Narkotikum (Haschisch) angebaut. In den Stengeln sind Fasern enthalten, die zu Dämmstoffen oder Stoffen verarbeitet werden.

Abbildung 4-3 Hanfpflanze und Hanfdämmstoff

Technische Anwendung

Im Bauwesen findet Hanf Verwendung bei Dämmstoffen (Tabelle 4-8) aber auch als Faserverstärkung in Lehmbaustoffen. Die bautechnischen Rechenwerte sind in Tabelle 4-9 zusammengestellt.

Tabelle 4-8 Anwendungsmöglichkeiten von Hanfdämmstoff

Dämmstoff	Außenwand				Innen	Dach				Decke			
Lieferform	außen	innen	Kern	gegen Erdr.	gegen unbe-heizt	Schräg-dach außen	Schräg-dach innen	Um-kehr-dach	Flach-dach	oberste Gesch. decke	Decke innen	Tritt-schall-dämm.	Keller-boden innen
Hanfschäben Stopfwolle	-	-	+	-	+	-	+	-	-	-	-	+	-

+	geeignet, uneingeschränkt verwendbar
(+)	bedingt geeignet, mit Vorbehalten verwendbar
–	nicht geeignet, für diesen Anwendungsfall nicht verwendbar

Tabelle 4-9 Rechenwerte für Hanfdämmstoffe

	ρ	λ	s´	μ	c	Brennb.	Qualmb.	Tropf.
	kg/m³	W/m·K	MN/m²	-	kJ/kg·K	Klasse	Klasse	Klasse
Hanfschäben	150	0,065	-	-	-	B2	-	-

Ökologische Betrachtung

Hanf wird ca. 4 Monate nach der Aussaat geerntet (3. Augustwoche) und noch am Feld getrocknet. Beim ca. 4 tägigen Verrottungsprozeß (Röste) sinkt der Feuchtigkeitsgehalt etwa um 15 %. Anschließend wird der Hanf in Ballen gepreßt. Eine ökologische Charakterisierung von Hanfdämmstoffen über den Lebensweg ist in Tabelle 4-10 zusammengestellt. Für Hanfdämmstoffe stehen derzeit noch keine ausreichenden Daten zur Verfügung.

Tabelle 4-10 Ökologische Charakterisierung von Hanf

Lebensweg	Umwelt-charakteristik	Energie-bedarf [kWh/t]	Anmerkung
Rohstoffe	+	xxx	biotisch regenerierbar
Herstellung	+	k.A.	*Anbau:* Aussaat, Düngung Ernten, geröstete Hanfballen (10 – 13 t/ha) Brechen, Hecheln, Kardieren, Imprägnieren, (bituminieren) Hanfdämmstoff Hanf bindet langfristig CO_2
Gebrauch	+	xxx	unbedenklich
Sanierung / Umbau	+	0,24/m²	über die Lebensdauer gibt es kaum Erfahrungswerte, Hanfgewebe (erste Jeans) besitzt eine hohe Lebensdauer
Abbruch	+	0,004/m².	kein Maschinenaufwand erforderlich
Recycling	(+)	k.A.	wiederverwendbar, bzw. kompostierbar, wenn nicht bituminiert
Transport	-	k.A.	in Österreich als Matten, in Deutschland in bituminierter Form als Dämm- und Ausgleichsschüttung; bei Transporten ist der entsprechende Energieanteil und Schadstoffausstoß einzubeziehen.
xxx keine Angaben möglich, k. A. derzeit keine Angaben verfügbar			

4.5 Holzweichfaserplatten

Rohstoffe – Baustoff

Holzweicherfaserplatten (Abbildung 4-4) werden aus zerfasten Resten von Nadelhölzern hergestellt, die in der Sägeindustrie anfallen.

Abbildung 4-4 Holzweichfaserplatten

Technische Anwendung

Holzweichfaserplatten werden in verschiedenen Sorten für verschiedene Anwendungen hergestellt, z.B. als Trittschalldämmplatte, Dachschalungsplatten, Unterdachplatten etc. Mögliche Anwendungsbereiche sind in Tabelle 4-11 zusammengefaßt, wobei der jeweilige Plattentyp auszuwählen ist. Die bautechnischen Rechenwerte sind in Tabelle 4-12 zusammengestellt.

Tabelle 4-11 Anwendungsmöglichkeiten von Holzweichfaserdämmplatten

Dämmstoff	Außenwand				Innen	Dach				Decke			
Lieferform	außen	innen	Kern	gegen Erdr	gegen unbe- heizt	Schräg- dach außen	Schräg- dach innen	Um- kehr- dach	Flach- dach	oberste Gesch. decke	Decke innen	Tritt- schall- dämm.	Keller- boden innen
Platten	+	+	+	-	+	+	+	-	+	+	+	+	+

+	geeignet, uneingeschränkt verwendbar
(+)	bedingt geeignet, mit Vorbehalten verwendbar
–	nicht geeignet, für diesen Anwendungsfall nicht verwendbar

Tabelle 4-12 Rechenwerte für Weichfaserdämmplatten

	ρ	λ	s'	μ	c	Brennb.	Qualmb.	Tropf.
	kg/m³	W/m·K	MN/m²	-	kJ/kg·K	Klasse	Klasse	Klasse
Dämmplatte	$250-270$	0,06	$52-73$	$5-10$	$2,0-2,1$	B2	-	-
Dämmplatte (bituminiert)	170	0,045	-	10	-	B2	-	-

Ökologische Betrachtung

Für die Herstellung von Holzfaserweichplatten wird langfaseriges Nadelholz aber auch

Laubholz verwendet. Beim Naßverfahren werden die Holzreste zu Hackschnitzel zerkleinert (gehackt) in Defibratoren durch Heißdampf aufgeschlossen und durch Mahlscheiben zerfasert. Nachdem je nach Platte und Herstellungsverfahren evtl. Bitumen, Natriumhydroxid, Paraffin oder Weißleim beigegeben wurden, wird der Faserbrei auf Siebe aufgeschüttet, gepreßt und getrocknet. Die ökologische Charakterisierung von Weichfaserdämmstoffen ist in Tabelle 4-13 zusammengestellt.

Tabelle 4-13 Ökologische Charakterisierung von Weichfaserdämmplatten (ρ = 250 kg/m³)

Lebensweg	Umwelt-charakteristik	Energie-bedarf [kWh]	Anmerkung
Rohstoffe	+	xxx	biotisch regenerierbar
Herstellung		2319/m³ [*)]	Nadelholz, Holzreste, Zerkleinerung, Wasser(dampf), Heizöl, Zerfasern, Bitumen oder Natriumhydroxid oder Paraffin oder Weißleim, aufschütten der Fasern, entwässern, Pressen, Trocknen (100 – 170 °C), Formatschneiden
Gebrauch	+	xxx	nichtbituminierte Platten im Innenraum unbedenklich
Sanierung / Umbau	+	k.A.	bei trockenem Einbau Lebensdauer, leicht zu bearbeiten
Abbruch	+	k.A.	kein Maschinenaufwand erforderlich
Recycling	+	k.A.	wiederverwendbar, bzw. kompostierbar, wenn nicht bituminiert
Transport	0		lokal verfügbar
xxx keine Angaben möglich, k. A. derzeit keine Angaben verfügbar [*)] Quelle /8/			

4.6 Holzwolleleichtbauplatten

Rohstoffe – Baustoff

Holzwolleleichtbauplatten bzw. Holzwolledämmplatten sind Dämmplatten aus Holzwolle, die mit kaustisch gebranntem Magnesit oder Zement gebunden werden.

Technische Anwendung

Die technische Anwendung von Holzwolleleichtbauplatten ist sehr vielfältig und beruht u.a. auf ihrer Eignung als Putzträger. Als Dämmstoff wird sie häufig in Kombinantion mit anderen Materialien eingesetzt.

Die Anwendungsbreiche sind in Tabelle 4-14, die bautechnischen Rechenwerte in Tabelle 4-15 zusammengestellt.

Tabelle 4-14 Anwendungsbereiche von Holzwolleleichtbauplatten

Dämmstoff	Außenwand				Innen	Dach				Decke			
Lieferform Dämmplatte	außen	innen	Kern	gegen Erdr.	gegen unbeheizt	Schräg dach außen	Schräg dach innen	Umkehrdach	Flach dach	oberste Gesch. decke	Decke innen	Trittschalldämm.	Kellerboden innen
magnesit-gebunden	+	+	–	–	+	–	+	–	–	–	+	–	–
zementgeb.	+	+	–	–	+	–	+	–	–	–	+	–	–

+	geeignet, uneingeschränkt verwendbar
(+)	bedingt geeignet, mit Vorbehalten verwendbar
–	nicht geeignet, für diesen Anwendungsfall nicht verwendbar

Tabelle 4-15 Rechenwerte für Holzwolleleichtbauplatten (Produktinformation Heraklith)

	ρ	λ	s'	μ	c	Brennb.	Qualmb.	Tropf.
Dämmplatte	kg/m³	W/m·K	MN/m²	-	kJ/kg·K	Klasse	Klasse	Klasse
magnesit-gebunden	300	0,09 – 0,1	-	4	2	B1	Q1	Tr1
zement-gebunden	330	0,09	-	4	2	B1	Q1	Tr1

Ökologische Betrachtung

Die Holzwolle für die Leichtbauplatten wird aus weiter nicht verwendbaren Resthölzern (Nadelhölzer: Fichte, Tanne, Kiefer) gehobelt. Als Bindemittel wird Zement oder kaustisch gebrannter Magnesit verwendet.

Als Zement werden Normzemente verwendet. Da sich der Zucker im Zellsaft des Holzes nicht mit dem Zement verträgt, wird das Holz vorher ca. ein halbes Jahr zur Trocknung und zum Abbau des Zuckers gelagert. Mit Hilfe von Aluminiumsulfat wird der Restzucker gebunden. Zementgebundene Platten setzen sich aus 35 % Holzwolle, 65 % Portlandzement und Aluminiumsulfat bzw. Calziumchlorid Cefkaform und Schalöl zusammen /2/.

Kaustisch (< 1000 °C) gebranntes Magnesit (MgO) wird unter Mitwirkung von Magnesiumchlorid ($MgCl_2$) und Magnesiumcarbonat (Kieserit) als Bindemittel (Magnesiabinder) verwendet. Magnesit greift bei der Bindung nicht in seiner Zellstruktur an und kann größere Mengen Holzwolle binden. Magnesiagebundene Platten bestehen aus ca. 49 % Holzwolle, 51 % Magnesit, Magnesiumsulfat und Schalöl.

Zur Herstellung der Platten wird das Holz gehobelt und die Späne gelagert. Zur Herstellung wird die Holzwolle angefeuchtet und mit dem Bindemittel vermischt. Anschließend werden die Platten in Formen gepreßt, nach 2 Tagen ausgeschalt, getrocknet und besäumt.

Tabelle 4-16 faßt die ökologische Charakterisierung für Holzwolleleichtbauplatten zusammen.

Tabelle 4-16 Ökologische Charakterisierung von Holzwolleleichtbauplatten (ρ = 300 kg/m³)

Lebensweg	Umwelt-charakteristik	Energiebedarf [kWh]	Anmerkung
Rohstoffe	(+)	xxx	teilweise biotisch regenerierbar, teilweise mineralisch endlich
Herstellung	+		Hobeln, Lagern, Befeuchten, Mischen, Formen und Verdichten, Entschalen, Trocknen, Besäumen und Verpacken
		PEI = 35 – 95/m³	Platten
Gebrauch	+	xxx	keine negativen Auswirkungen bekannt
Sanierung / Umbau		k.A.	In rohem Zustand leicht zu bearbeiten. Der Aufwand beim Umbau hängt von der Verwendung ab:
	+		als Putzträger bei Ständerkonstruktionen
	-		als Mantelbeton
Abbruch	0	k.A.	abhängig von der Verwendung
Recycling	-	k.A.	Die Wiederverwendung ist theoretisch bei unbeschädigten und sauberen Platten möglich, die aber praktisch nicht vorkommen. Eine Deponierung ist nur nach vorheriger Konditionierung möglich (Eluatklasse II)
Transport	0		Der Weg vom Werk zur Baustelle stellt den Hauptanteil des Transportes dar.
xxx keine Angaben möglich, k. A. derzeit keine Angaben verfügbar			

4.7 Kokosfasern

Rohstoffe – Baustoff

Die Fasern für Kokosfaserdämmstoffe werden von der Umhüllung der Kokosnuß, der Früchte von Kokospalmen (*Cocos nucifera*) gewonnen. Kokospalmen haben ihren Lebensraum im Küstenbereich der tropischen Regionen, z.B. Sri Lanka.

Technische Anwendung

Kokosfaserdämmstoffe werden als Stopfwolle, Dämmfilz, Rollfilz und Trittschalldämmplatte angeboten. Die technische Anwendung sind in Tabelle 4-17, die Kennwerte in Tabelle 4-18 zusammengestellt.

Tabelle 4-17 Anwendungsbereiche von Kokosfaserdämmstoffen

Dämmstoff	Außenwand				Innen	Dach				Decke			
Lieferform	außen	innen	Kern	gegen Erdr.	gegen unbeheizt	Schrägdach außen	Schrägdach innen	Umkehrdach	Flachdach	oberste Gesch. decke	Decke innen	Trittschalldämm.	Kellerboden innen
Stopfwolle	-	(+)	(+)	-	-	-	(+)	-	-	(+)	(+)	-	-
Dämmfilz	+	+	+	-	+	-	+	-	-	(+)	+	-	-
Rollfilz	+	+	+	-	-	-	(+)	-	-	+	+	+	+
TSD-Platte	-	-	-	-	-	-	-	-	-	+	-	+	+

+	geeignet, uneingeschränkt verwendbar
(+)	bedingt geeignet, mit Vorbehalten verwendbar
–	nicht geeignet, für diesen Anwendungsfall nicht verwendbar

Tabelle 4-18 Rechenwerte für Kokosfaserdämmstoffe (*Produktinformation Fa. Fehrer /2/*)

Dämmstoffe	ρ kg/m³	λ W/m·K	s' MN/m²	μ -	c kJ/kg·K	Brennb. Klasse	Qualmb. Klasse	Tropf. Klasse
Stopfwolle	> 3	-	-	1 – 2	-	B3	Q1	-
Dämmfilz	50	0,05	-	1 – 2	2,1	B3	Q1	-
Rollfilz	-	0,045	9 – 12	1 – 2	2,1	B3	Q1	-
Trittschalldämmplatte	137	0,046	11	-	2,1	B3	Q1	-

Ökologische Betrachtung

Kokospalmen bekommen ihre ersten Früchte nach ca. 4 bis 7 Jahren. Die größte Fruchtproduktion erreicht die Kokospalme zwischen dem 20 und 40 Jahr (bis zu 100 Kokosnüsse). Die Ernte erfolgt alle 2 Jahre, jeweils 3 mal, wobei ca. 60 Früchte pro Stunde gepflückt werden. Die ökologische Charakteristik von Kokosfaserdämmstoffen ist in Tabelle 4-19 zusammengefaßt.

Tabelle 4-19 Ökologische Charakterisierung (ρ = 50 kg/m³; *Dolezal /2/* bzw. Herst. *Fa. Bitbau*)

Lebensweg	Umweltcharakteristik	Energiebedarf [kWh]	Anmerkung
Rohstoffe	+	xxx	biotisch regenerierbar
Herstellung	+	22,5/m³	Preßballen für die Verschiffung: Pflücken, Schälen Rösten, Walzen, Spülen, Trocknen, Sortieren, Pressen
		62,5/m³	Dämmstoffherstellung: Auflockern, Vernadeln, Schneiden, Absacken
Gebrauch	+	xxx	unbedenklich

Fortsetzung Tabelle 4-19

Lebensweg	Umwelt-charakteristik	Energie-bedarf [kWh/t]	Anmerkung
Sanierung / Umbau	+	k.A.	über die Lebensdauer gibt es derzeit wenig Erfahrungswerte, Kokosfasern besitzen eine hohe Lebensdauer
Abbruch	+	k.A.	kein Maschinenaufwand erforderlich
Recycling	+	k.A.	bei gutem Zustand wiederverwendbar, bzw. kompostierbar
Transport	-	1529/t	Durch die großen Transportstrecken ergibt sich ein hoher Transportenergieaufwand und damit verbundene Emissionen.
xxx keine Angaben möglich, k. A. derzeit keine Angaben verfügbar			

4.8 Kork

Rohstoffe – Baustoff

Kork ist ein sekundäres Abschlußgewebe von Stämmen, Wurzeln und Knollen, das bei einigen heimischen Hölzern aber vor allem bei der in Spanien und Portugal beheimateten Korkeiche vorkommt.

Abbildung 4-5 Kork und Korkdämmstoff

Technische Anwendung

Die technische Anwendung von Kork ist aufgrund seiner Beständigkeit sehr vielfältig (Tabelle 4-20). Die bautechnischen Rechenwerte sind in Tabelle 4-21 zusammengestellt.

Tabelle 4-20 Anwendungsbereiche von Kork

Dämmstoff	Außenwand				Innen		Dach				Decke			
Lieferform	außen	innen	Kern	gegen Erdr.	gegen unbe- heizt	Schräg- dach außen	Schräg- dach innen	Um- kehr- dach	Flach- dach	oberste Gesch. decke	Decke innen	Tritt- schall- dämm.	Keller- boden innen
Platten	+	+	+	-	+	-	+	-	+	+	+	+	+
Korkschrot	-	-	+	-	-	-	(+)	-	-	+	+	(+)	+

+	geeignet, uneingeschränkt verwendbar
(+)	bedingt geeignet, mit Vorbehalten verwendbar
–	nicht geeignet, für diesen Anwendungsfall nicht verwendbar

Tabelle 4-21 Rechenwerte für Korkdämmplatten /2/

	ρ	λ	s´	μ	c	Brennb.	Qualmb.	Tropf.
	kg/m³	W/m·K	MN/m²	-	kJ/kg·K	Klasse	Klasse	Klasse
Dämmplatten	120	0,041	126	5 – 30	1,67	B2	Q1	-

Ökologische Betrachtung

Kork wird durch Schälen der Korkrinde (max. 1/3 der gesamten Rinde) bei Korkeichen mit einem Alter von 30 bis 40 Jahren gewonnen. Der Kork der ersten Schälung besitzt einen höheren Harzgehalt als spätere Ernten, die weiteren Abständen von ca. 10 bis 15 Jahren durchgeführt werden. Die Korkernte muß noch immer von Hand aus erfolgen, wobei am Stamm der Korkeiche die Rinde etwa im Abstand von 1,5 m eingeschnitten wird und anschließend der Kork abgelöst wird. Der Kork wird zu Korkschrot (Harzreicher Kork aus der ersten Ernte und Kork aus späteren Ernten) gemahlen und mit Wasserdampf bei ca. 350 bis 380 °C unter Druck erhitzt (niedrig – rein – expandierter Naturkork). Dabei dehnen sich die Korkzellen aus und verkleben sich miteinander mit Hilfe der korkeigenen Harze (besonders der ersten Ernte). Der Prozeß benötigt ca. eine halbe Stunde. Nach dem Abkühlen werden sie besäumt, zu Platten geschnitten und verpackt (siehe auch *Hänisch* /7/). Tabelle 4-22 enthält eine ökologische Charakterisierung von Kork.

Tabelle 4-22 Ökologische Charakterisierung von Korkdämmstoffplatten (ρ = 120 kg/m³)

Lebensweg	Umwelt- charakteristik	Energie- bedarf [kWh]	Anmerkung
Rohstoffe	+	xxx	biotisch regenerierbar
Herstellung	+	PEI = 360 – 440/m³	Schälen, Mahlen, Sortieren, Expandieren, Abkühlen, Zuschneiden der Platten , Verpacken
Gebrauch	+	xxx	Niedrig rein expandierter Kork ist unbedenklich. Kork ist feuchtebeständig. Wird bei der Herstellung der Kork über offenem Feuer geröstet, so enthält das Endprodukt humantoxische Benzyprene und polyzyklische Aromate.

Fortsetzung Tabelle 4-22

Lebensweg	Umwelt-charakteristik	Energie-bedarf [kWh]	Anmerkung
Sanierung / Umbau	+	k.A.	Über die Lebensdauer sind wenig Angaben verfügbar. Wie von Flaschenkork bekannt ist, kann mit einer sehr hohen Lebensdauer gerechnet werden.
Abbruch	+	k.A.	kein Maschinenaufwand erforderlich
Recycling	+	k.A.	bei gutem Zustand wiederverwendbar, bzw. kompostierbar
Transport	-	1529/t	Durch die großen Transportstrecken ergibt sich ein hoher Transportenergieaufwand und damit verbundene hohe Emissionen.
xxx keine Angaben möglich, k. A. derzeit keine Angaben verfügbar			

4.9 Perlit

Rohstoffe – Baustoff

Dämmstoffe aus Blähperlit werden aus vulkanischem Perlitgestein, das auch als Naturglas bezeichnet wird, hergestellt. Abbildung 4-6 zeigt Blähperlitschüttungen.

Abbildung 4-6 Blähperlit

Technische Anwendung

Blähperlite werden als Dämmstoffe als lose Schüttung mit einem Korndurchmesser von ca. 0 – 7 mm angeboten. Die technischen Anwendungsbereiche und die bautechnischen Rechenwerte sind in Tabelle 4-23 und Tabelle 4-24 zusammengestellt.

Tabelle 4-23 Anwendungsbereiche von Blähperliten

Dämmstoff	Außenwand				Innen	Dach					Decke			
Lieferform	außen	innen	Kern	gegen Erdr.	gegen unbe- heizt	Schräg- dach außen	Schräg- dach innen	Um- kehr- dach	Flach- dach	oberste Gesch. decke	Decke innen	Tritt- schall- dämm.	Keller- boden innen
Schüttung	-	(+)	+	-	+	-	+	-	-	+	+	-	+

Übliche Anwendungen sind: lose Schüttung, Trockenmörtel

+	geeignet, uneingeschränkt verwendbar
(+)	bedingt geeignet, mit Vorbehalten verwendbar
–	nicht geeignet, für diesen Anwendungsfall nicht verwendbar

Tabelle 4-24 Rechenwerte für Blähperlite

	ρ	λ	s'	μ	c	Brennb.	Qualmb.	Tropf.
	kg/m^3	W/m·K	MN/m^2	-	kJ/kg·K	Klasse	Klasse	Klasse
Blähperlit Schüttung	60 – 180	0,04 – 0,06	-	2 – 5	0,94	A	Q1	Tr1

Ökologische Betrachtung

Das vulkanische Perlit (Fundorte: USA, Ungarn /3/) wird zerkleinert und auf Temperaturen zwischen 800 und 1200 °C erwärmt. Das körnige vulkanische Glas wird dabei zähflüssig, gleichzeitig verdampft das eingeschlossene Wasser aus den Poren und bläht das Korn auf das 15 bis 20-fache Volumen auf. Beim darauf folgenden Abkühlungsprozeß erstarrt die porige, glasige Masse. Für die Verwendung in Feuchtbereichen erfolgt evtl. eine Hydrophobierung mit Silikonen oder Bitumen. Tabelle 4-25 gibt eine ökologische Charakterisierung von Perlitdämmstoffen.

Tabelle 4-25 Ökologische Charakterisierung von Blähperlit (ρ = 80 kg/m^3)

Lebensweg	Umwelt- charakteristik	Energiebedarf [kWh]	Anmerkung
Rohstoffe	(+)	xxx	mineralisch endlich
Herstellung	0	204 – 246/m^3 *)	Abbau und Umschlag, ohne Transport Brechen, Erhitzen, Abkühlen, Sieben, Lagern, evtl. Bituminieren, Verpacken
Gebrauch	(+)	xxx	Blähperlite wirken feuchtigkeitsregulierend. Aufgrund seiner vulkanischen Herkunft können Blähperlite schwach radioaktiv sein. Bei bituminierten Perliten ist die Abgabe verschiedener Aromate insbesondere im Brandfall möglich.
Sanierung / Umbau	+	k.A.	Über die Lebensdauer sind keine Angaben bekannt, sie kann jedoch aufgrund der mineralischen Herkunft als hoch eingestuft werden.

Fortsetzung Tabelle 4-25

Lebensweg	Umwelt-charakteristik	Energiebedarf [kWh]	Anmerkung
Abbruch	+	k.A.	kein Maschinenaufwand erforderlich
Recycling	(+)	k.A.	Die Wiederverwendung von Perliten ist leicht möglich, unbehandelte Perlite können z.B. als Bodenverbesserer im Gartenbau eingesetzt werden.
Transport	-	7062 t/tkm	Aufgrund der Lagerstätten von Perliten muß bei Verwendung im mitteleuropäischem Raum evtl. mit großen Transportweiten gerechnet werden. Transport Rohperlit bis Rotterdam
xxx keine Angaben möglich, k. A. derzeit keine Angaben verfügbar			
*) Quelle /8/			

4.10 Schafwolle

Rohstoffe – Baustoff

Schafwolldämmstoffe werden aus der Wolle (den Haaren) von Schafen hergestellt. Sie eignen sich aufgrund ihrer Länge, Faserfestigkeit, Feinheit und Verfügbarkeit zum Verspinnen für Textilien als auch für Dämmstoffe.

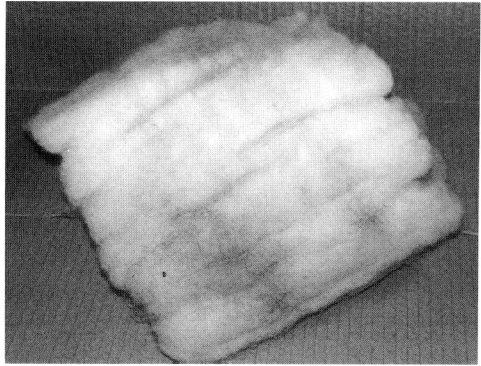 

Abbildung 4-7 Schafwolle

Technische Anwendung

Die technische Anwendung und die bautechnischen Rechenwerte von Schafwolle sind in Tabelle 4-26 und Tabelle 4-27 zusammengestellt.

Tabelle 4-26 Bautechnische Anwendungsbereiche von Schafwolle

Dämmstoff	Außenwand				Innen	Dach				Decke			
Lieferform	außen	innen	Kern	gegen Erdr.	gegen unbeheizt	Schräg-dach außen	Schräg-dach innen	Um-kehr-dach	Flach-dach	oberste Gesch. decke	Decke innen	Tritt-schall-dämm.	Keller-boden innen
Stopfwolle	-	(+)	(+)	-	-	-	(+)	-	-	(+)	(+)	-	-
Dämmbahn	(+)	(+)	(+)	-	+	-	+	-	-	(+)	+	-	-
Dämmplatte	+	+	+	-	+	-	(+)	-	-	(+)	+	-	-
TSD-Platte	-	-	-	-	-	-	-	-	-	+	-	+	+

+	geeignet, uneingeschränkt verwendbar
(+)	bedingt geeignet, mit Vorbehalten verwendbar
–	nicht geeignet, für diesen Anwendungsfall nicht verwendbar

Tabelle 4-27 Rechenwerte für Schafwolldämmstoffe

	ρ	λ	s'	μ	c	Brennb.	Qualmb.	Tropf.
	kg/m³	W/m·K	MN/m²	-	kJ/kg·K	Klasse	Klasse	Klasse
Stopfwolle	16,0	0,037	-	1 – 2	-	B2	Q1	Tr1
Dämmbahn	16,0	0,037	-	1 – 2	-	B2	Q1	Tr1
Dämmplatte	25,5	0,035	-	1 – 2	-	B2	Q1	Tr1
Trittschall-dämmplatte	-	-	-	2	-	B2	Q1	Tr1

Ökologische Betrachtung

Schafwollfasern bestehen im wesentlichen aus Eiweiß (u.a. 18 Aminosäuren), haben eine Länge von 4 bis 55 cm und einen Durchmesser zwischen 0,015 und 0,060 mm und sehr elastisch ($\varepsilon = 0{,}25$ bis $0{,}50$). Die rohe verunreinigte Wolle (50 – 70 % Staub, Salze, Wollfette etc.) wird gewaschen (40 – 50 °C). Nach dem Trocknen (Auflegen, Schleudern) werden die Fasern in der Krempelanlage ausgerichtet und von Verschmutzungen, die beim Waschen nicht gelöst wurden, gereinigt. Die Beimengung von Mitin (Mottenschutzmittel auf Harnsäurebasis) verhindert den Befall durch Motten. Durch Borax wird die Brennbarkeitsklasse B2 erreicht. Die Fasern werden mechanisch zu Fliesen vernadelt, geschnitten und in PE-Säcken verpackt.

Die ökologische Charakterisierung von Schafwolledämmstoffen ist in Tabelle 4-28 zusammengestellt.

Tabelle 4-28 Ökologische Charakterisierung ($\rho = 20$ kg/m³; /2/)

Lebensweg	Umwelt-charakteristik	Energiebedarf [kWh]	Anmerkung
Rohstoffe			biotisch regenerierbar
Herstellung	+	24/m³	Scheren, Waschen Zugabe von Mitin und Borax, Trocknen, Krempeln, Vernadeln, Schneiden, Verpacken

Fortsetzung Tabelle 4-28

Lebensweg	Umwelt-charakteristik	Energiebedarf [kWh]	Anmerkung
Gebrauch	+	xxx	keine negativen ökologischen oder gesundheitlichen Auswirkungen bekannt
Sanierung / Umbau	+	0,024/m²	Die Lebensdauer von Schafwollprodukten ist bei entsprechendem Einbau und Schutz relativ hoch.
Abbruch	+	0,004/m²	kein Maschinenaufwand erforderlich
Recycling	+	k.A.	wiederverwendbar, energetische Verwertung bzw. kompostierbar
Transport	-		heimisch verfügbar
xxx keine Angaben möglich, k. A. derzeit keine Angaben verfügbar			

4.11 Schilf

Rohstoffe – Baustoff

Schilf (*Phragmatis australis*) wächst in Mitteleuropa an flachgeneigten Ufern stehender oder langsam fließender Gewässer (in Österreich z.B. im Gebiet des Neusiedler Sees). Die Pflanze kann höher als 4 m werden und besitzt sehr lange Ausläufer. Die Blätter sind 20 bis 50 cm lang und scharfrandig, die vielblütige Blütenrispe zeigt meist violettbraune Farbe.

Abbildung 4-8 Schilf und Schilfdämmplatte

Technische Anwendung

Die technische Anwendung von Schilfdämmplatten und die bautechnischen Rechenwerte sind in Tabelle 4-29 und Tabelle 4-30 zusammengestellt. Schilfdämmplatten sind gleichzeitig sehr gute Putzträger.

Tabelle 4-29 Technische Anwendung von Schilfdämmplatten

Dämmstoff	Außenwand				Innen	Dach					Decke			
Lieferform	außen	innen	Kern	gegen Erdr.	gegen unbeheizt	Schrägdach außen	Schrägdach innen	Umkehrdach	Flachdach	oberste Gesch. decke	Decke innen	Trittschalldämm.	Kellerboden innen
Platten	+	+	-	-	+	-	(+)	-	-	-	+	-	-

+	geeignet, uneingeschränkt verwendbar
(+)	bedingt geeignet, mit Vorbehalten verwendbar
–	nicht geeignet, für diesen Anwendungsfall nicht verwendbar

Tabelle 4-30 Rechenwerte für Schilfdämmplatten

	ρ	λ	s´	μ	c	Brennb.	Qualmb.	Tropf.
	kg/m³	W/m·K	MN/m²	-	kJ/kg·K	Klasse	Klasse	Klasse
Dämmplatten	190 – 300	0,072	-	1 – 1,5	-	B2	-	-

Ökologische Betrachtung

Nach dem Schneiden mit der „Seekuh" wird das Schilf am Seerand zum Trocknen aufgestellt. Bei 12 bis 15 Fuhren pro Tag werden ca. 36 bis 45 Kegel errichtet werden. Das Sortieren nach Länge und Verunreinigung (Binsen) erfolgt mit der Hand, anschließend wird das Schilf zu „Meterbündel" (Umfang = 1 m) zusammengefaßt. Die dabei anfallenden Kurzwaren werden für die Dachdeckung und zur Dämmplattenherstellung mit einer Dicke von 2 und 5 cm verwendet. Tabelle 4-31 enthält eine ökologische Charakterisierung von Schilfdämmplatten.

Tabelle 4-31 Ökologische Charakterisierung von Schilfdämmplatten (ρ = 240 kg/m³; /2, 9/)

Lebensweg	Umweltcharakteristik	Energiebedarf [kWh]	Anmerkung
Rohstoffe	+		biotisch regenerierbar
Herstellung	+	5,2/m³	Ernte: Schneiden, Trocknen, Sortieren, Bündeln, Herstellung: Pressen, Binden (verzinkter Draht), Besäumen, Ablängen
Gebrauch	+	xxx	keine negativen ökologischen oder gesundheitlichen Auswirkungen bekannt.
Sanierung / Umbau	+	k.A.	Über die Lebensdauer sind keine Angaben bekannt, sie kann jedoch aufgrund der Anwendungen von Schilfmatten als Putzträger bzw. Schilfdächern als hoch eingestuft werden.

Fortsetzung Tabelle 4-31

Lebensweg	Umwelt-charakteristik	Energiebedarf [kWh]	Anmerkung
Abbruch	+	k.A.	kein Maschinenaufwand erforderlich
Recycling	+	k.A.	Wiederverwendbar, Kompostierbar
Transport	0		Bei Platten die in nächster Nähe des Wuchsstandortes hergestellt werden gering.
xxx keine Angaben möglich, k. A. derzeit keine Angaben verfügbar			

4.12 Stroh

Rohstoffe – Baustoff

Als Stroh (altgerm. zu *Streuen*) werden die getrockneten und gedroschenen Halme der verschiedenen Getreidearten verstanden. Zur Herstellung von Strohplatten wird Getreidestroh – Roggen- und Weizenstroh – verwendet.

Technische Anwendung

Die technische Anwendung und die bautechnischen Rechenwerte sind in Tabelle 4-32 und Tabelle 4-33 zusammengestellt.

Tabelle 4-32 Technische Anwendung von Strohdämmplatten

Dämmstoff	Außenwand				Innen	Dach					Decke			
Lieferform	außen	innen	Kern	gegen Erdr.	gegen unbeheizt	Schräg-dach außen	Schräg-dach innen	Um-kehr-dach	Flach-dach	oberste Gesch. decke	Decke innen	Tritt-schall-dämm.	Keller-boden innen
Platten	-	-	-	-	+	-	+	-	-	+	+	-	-
+ geeignet, uneingeschränkt verwendbar													
(+) bedingt geeignet, mit Vorbehalten verwendbar													
– nicht geeignet, für diesen Anwendungsfall nicht verwendbar													

Tabelle 4-33 Rechenwerte für Stroh

	ρ	λ	s´	μ	c	Brennb.	Qualmb.	Tropf.
	kg/m³	W/m·K	MN/m²	-	kJ/kg·K	Klasse	Klasse	Klasse
Dämmplatte	150	0,056 – 1,13	-	1 – 1,5	-	B2	-	-

Ökologische Betrachtung

Strohplatten können als Preßstrohplatten oder als Strohfaserplatten hergestellt werden. Strohfaserplatten sind ähnlich den Holzfaserplatten und können aus chemisch aufgeschlossenem Stroh hergestellt werden /4/. Bei der Herstellung von Strohplattten wird das

Stroh mit wasserfesten Leimen gebunden und mit Papier beschichtet. Schwierigkeiten treten bei Stroh infolge der Brennbarkeit des Materials und der schlechten Haftung von Brandschutzmitteln auf /5/.

Tabelle 4-34 Ökologische Charakterisierung Strohdämmstoffen

	Umwelt-charakteristik	Energiebedarf [kWh]	Anmerkungen
Verfügbarkeit	+	xxx	biotisch regenerierbar
Herstellung	+	k.A.	Anbau, Bewirtschaften, Ernten, Dreschen (Diesel, menschliche Arbeit)
			Pressen und Binden
			Positiv ist die CO_2-Speicherung des Strohs in Betracht zu ziehen: - 1 650 kg CO_2 pro kg Stroh
			Kuppelprodukte: Bindematerialien
Gebrauch	+	xxx	keine schädlichen Auswirkungen bekannt.
Sanierung und Umbau	+	k.A.	Da die Lebensdauer von Strohdächern mit bis zu 40 Jahren anzunehmen ist, kann von einer großen Beständigkeit von Strohdämmplatten ausgegangen werden.
Abbruch	+	k.A.	kein Maschinenaufwand erforderlich
Recycling	+	k.A.	kompostierbar oder energetische Nutzung (siehe auch Abschnitt über Weichdächer)
Transport	-		regional verfügbarer
xxx keine Angaben möglich, k. A. derzeit keine Angaben verfügbar			

4.13 Vermiculit

Rohstoffe – Baustoff

Unter Vermiculit (Blähglimmer) versteht man Dämmstoffe aus Glimmer, die durch Aufblähen aufgrund des Verdampfens des enthaltenen Kristallwassers entstanden sind. Die Korngröße ist etwas größer als bei Perliten 0 – 15 mm mit blättriger Struktur.

Technische Anwendung

Die technische Anwendung von Vermiculitschüttungen sind in Tabelle 4-35, die bautechnischen Rechenwerte in Tabelle 4-36 zusammengestellt.

Tabelle 4-35 Technische Anwendung von Vermiculiten

Dämmstoff	Außenwand				Innen	Dach					Decke			
Lieferform	außen	innen	Kern	gegen Erdr.	gegen unbe- heizt	Schräg- dach außen	Schräg- dach innen	Um- kehr- dach	Flach- dach	oberste Gesch. decke	Decke innen	Tritt- schall- dämm.	Keller- boden innen
Schüttung	-		+	-		-	(+)	-	-	+	+	-	+

Übliche Anwendungen sind: lose Schüttung, Trockenmörtel.

+   geeignet, uneingeschränkt verwendbar
(+)   bedingt geeignet, mit Vorbehalten verwendbar
–   nicht geeignet, für diesen Anwendungsfall nicht verwendbar

Tabelle 4-36 Rechenwerte für Vermiculit

	ρ	λ	s'	μ	c	Brennb.	Qualmb.	Tropf.
	kg/m^3	W/m·K	MN/m^2	-	kJ/kg·K	Klasse	Klasse	Klasse
Schüttung	60 – 180	0,065 – 0,07	2,63	3 – 4	0,88	A1	-	-

Ökologische Betrachtung

Glimmerschiefer zur Herstellung wird nach /8/ aus Südafrika importiert zerkleinert, geschwemmt und auf eine Temperatur von ca. 1000 °C erwärmt. Durch die Erwärmung wird das Korn auf ein Mehrfaches aufgebläht. Vermiculit ist beständig gegen Fäulnis es werden daher keine Zusätze beigemengt. Tabelle 4-37 gibt eine ökologische Charakterisierung von Vermiculite.

Tabelle 4-37 Ökologische Charakterisierung von Vermiculit (ρ = 120 kg/m^3; /8/)

Lebensweg	Umwelt- charakteristik	Energiebedarf [kWh]	Anmerkung
Rohstoffe	+	xxx	Glimmerschiefer, mineralisch endlich
Herstellung	0	240/m^3	bergmännischer Abbau Brechen, Schwemmen, Aufblähen, Verpacken
Gebrauch	+	xxx	keine gesundheitsschädliche Auswirkungen bekannt
Sanierung / Umbau	+	k.A.	über die Lebensdauersind keine Angaben bekannt, sie kann jedoch aufgrund der mineralischen Herkunft als hoch angenommen werden
Abbruch	+	k.A.	kein Maschineneinsatz erforderlich
Recycling	+	k.A.	Wiederverwendbar
Transport	-		Aufgrund der Abbaustätten von Vermiculiten muß bei Verwendung im mitteleuropäischem Raum mit großen Transportweiten gerechnet werden. Transport Rohvermiculit Südafrika bis Rotterdam (13 700 km)
xxx keine Angaben möglich, k. A. derzeit keine Angaben verfügbar			

4.14 Cellulosefasern

Rohstoffe – Baustoff

Cellulosefaserdämmstoffe bestehen aus Cellulosefasern die aus Altpapier oder aus Holz gewonnen werden.

Technische Anwendung

Die technische Anwendung von Cellulosefaserdämmstoffen sind in Tabelle 4-38, die bautechnischen Rechenwerte in Tabelle 4-39 zusammengestellt.

Tabelle 4-38 Technische Anwendung von Cellulosefaserdämmstoffe

Dämmstoff	Außenwand				Innen	Dach				Decke			
Lieferform	außen	innen	Kern	gegen Erdr.	gegen unbe- heizt	Schräg- dach außen	Schräg- dach innen	Um- kehr- dach	Flach- dach	oberste Gesch. decke	Decke innen	Tritt- schall- dämm.	Keller- boden innen
Flocken	-	+	+	-	+	-	+	-	-	+	+	(+)	-
Platten	-	+	+	-	+	-	+	-	-	+	+	(+)	-

Celluloseflocken werden mit Druckluft in die entsprechenden Hohlräume eingeblasen.
+ geeignet, uneingeschränkt verwendbar
(+) bedingt geeignet, mit Vorbehalten verwendbar
– nicht geeignet, für diesen Anwendungsfall nicht verwendbar

Tabelle 4-39 Rechenwerte für Cellulosefaserdämmstoffe /2/

	ρ	λ	s´	μ	c	Brennb.	Qualmb.	Tropf.
	kg/m³	W/m·K	MN/m²	-	kJ/kg·K	Klasse	Klasse	Klasse
Dämmflocken	30 – 65	0,037 –0,041	-	1 – 1,5	1,9	B1, B2	Q1	Tr1

Ökologische Betrachtung

Tabelle 4-40 gibt eine ökologische Charakterisierung von Cellulosedämmstoffen.

Tabelle 4-40 Ökologische Charakterisierung Cellulosedämmstoffen (ρ = 45 kg/m³; /2/)

Lebensweg	Umwelt- charakteristik	Energiebedarf [kWh]	Anmerkung
Rohstoffe	+	xxx	Altpapier, Holz (biogen nachwachsend)
Herstellung	+	12 – 40/m³ (aus Papier ca. 45/m³)	Sortieren, Schreddern, Zerfasern, Mischen, Imprägnieren (Borax, Borsäure), Wiegen, Absacken
Gebrauch	+	xxx	keine gesundheitlichen Auswirkungen bekannt

Fortsetzung Tabelle 4-40

Lebensweg	Umwelt-charakteristik	Energiebedarf [kWh]	Anmerkung
Sanierung / Umbau	+	k.A.	Setzungen treten lt. Herstellerangaben nicht auf, die Lebensdauer ist nach Beispielen aus den USA hoch (Anwendungen aus den 20er Jahren)
Abbruch	+	k.A.	kein Maschineneinsatz erforderlich
Recycling	+	k.A.	Wiederverwendbar, Deponierung, thermische Verwertung
Transport	-	1296/t	lokal verfügbar

4.15 Weitere Naturdämmstoffe

Papier- /Jutefaserplatten

Jutefasern werden aus den in Indien heimischen Gewächsen der Gattung Corchorus (*Cochorus capsularis, Cochorus oliotorius*) d.h. Lindengewächse gewonnen. Die Pflanzen sind krautartig und werden wie beim Flachs durch 'Rösten' vom Stengel getrennt. Die Einzelfasern besitzen eine Länge von ca. 50 cm /10/.

Papier- /Jutefaserdämmstoffe werden als Dämmplatten hergestellt. Die technische Anwendung von Papier- /Juteplatten sind in Tabelle 4-41, die bautechnischen Rechenwerte in Tabelle 4-42 zusammengestellt /11/.

Tabelle 4-41 Technische Anwendung von Papier-/Juteplatten /11/

Dämmstoff	Außenwand				Innen	Dach				Decke			
Lieferform	außen	innen	Kern	gegen Erdr.	Gegen unbe-heizt	Schräg-dach außen	Schräg-dach innen	Um-kehr-dach	Flach-dach	oberste Gesch. decke	Decke innen	Tritt-schall-dämm.	Keller-boden innen
Platten	-	+	(+)	-	+	-	+	-	-	+	+	-	(+)
Papier-/Juteplatten müssen vor Feuchtigkeit geschützt werden													
+ geeignet, uneingeschränkt verwendbar													
(+) bedingt geeignet, mit Vorbehalten verwendbar													
– nicht geeignet, für diesen Anwendungsfall nicht verwendbar													

Tabelle 4-42 Rechenwerte für Papier-/Juteplatten (*Albrecht* /11/)

	ρ	λ	s'	μ	c	Brennb.	Qualmb.	Tropf.
	kg/m^3	W/m·K	MN/m^2	-	kJ/kg·K	Klasse	Klasse	Klasse
Platten	85	0,04	-	1	-	B2	-	-

Für eine ökologische Charakterisierung ist die derzeitige Datenlage nicht ausreichend. In jedem Fall ist der lange Transportweg der Jute einzubeziehen. Des weiteren ist die Zugabe eines Bindemittels und z.B. Borax zur Verbesserung des Brandschutzes erforderlich.

Holzspäne, Holzwolle

Der Rohstoff für Holzspäne bzw. Holzwolle sind Maschinenhobelspäne von Fichte, Tanne und Kiefer, die in der Holzindustrie und in Hobelwerken anfallen. Zur Verwendung als Dämmstoff wird die Brandbeständigkeit der Hobelspäne mit einer Mischung aus Molke und Borsalz verbessert. Die Anwendung von Hobelspänen und die technischen Kennwerte sind in Tabelle 4-43 und Tabelle 4-44 zusammengestellt.

Tabelle 4-43 Technische Anwendung von Holzspänen

Dämmstoff	Außenwand				Innen	Dach				Decke			
Lieferform	außen	innen	Kern	gegen Erdr.	Gegen unbe-heizt	Schräg-dach außen	Schräg-dach innen	Um-kehr-dach	Flach-dach	oberste Gesch. decke	Decke innen	Tritt-schall-dämm.	Keller-boden innen
Schüttung	-	+	(+)	-	+	-	+	-	-	+	+	-	(+)

Anwendung derzeit vor allem im Fertigteilhausbau.

+	geeignet, uneingeschränkt verwendbar
(+)	bedingt geeignet, mit Vorbehalten verwendbar
−	nicht geeignet, für diesen Anwendungsfall nicht verwendbar

Tabelle 4-44 Rechenwerte für Holzspäne (*Albrecht* /11/)

	ρ	λ	s'	μ	c	Brennb.	Qualmb.	Tropf.
	kg/m³	W/m·K	MN/m²	-	kJ/kg·K	Klasse	Klasse	Klasse
Holzspäne	50 – 90	0,055 – 0,08	-	1 – 2	1,6 (bei 10 % Feuchte)	B2	-	-

Die ökologische Charakterisierung von Holzspänen ist in Tabelle 4-45 zusammengefaßt.

Tabelle 4-45 Ökologische Charakterisierung von Holzspänen

Lebensweg	Umwelt-charakteristik	Energiebedarf [kWh]	Anmerkung
Rohstoffe	+	xxx	Holz (biogen nachwachsend)
Herstellung	+	k.A.	Waldwirtschaft, Hobeln, Imprägnieren (Borax, Borsäure), Trocknen, Wiegen, Absacken
Gebrauch	+	xxx	keine gesundheitlichen Auswirkungen bekannt
Sanierung / Umbau	+	k.A.	die Lebensdauer von Holz ist hoch, bei Einbau mit zu höher Feuchtigkeit (> 20 %) können Setzungen auftreten
Abbruch	+	k.A.	kein Maschineneinsatz erforderlich
Recycling	+	k.A.	Wiederverwendbar, Deponierung, thermische Verwertung
Transport	0		lokal verfügbar

Blähton, Blähschiefer

Blähton bzw. Blähschiefer (Leca, Liapor etc.) findet neben der Anwendung als Leichtbetonzuschlag vor allem als Schüttung Einsatz im Bauwesen. Zur Herstellung werden entsprechend aufbereiteten, blähfähigen Tonen bzw. Schieferton im Drehrohrofen oder Schachtofen granuliert, gebläht und gebrannt (ca. 1150 °C). Anschließend klassiert und in Korngruppen unterteilt. Blähton besitzt eine runde, Blähschiefer eine gedrungene, kantige Form. In Tabelle 4-46 und Tabelle 4-47 sind die technischen Anwendungen bzw. die Rechenwerte angegeben.

Tabelle 4-46 Technische Anwendung von Blähton bzw Blähschiefer

Dämmstoff	Außenwand				Innen	Dach				Decke			
Lieferform	außen	innen	Kern	gegen Erdr.	Gegen unbe-heizt	Schräg-dach außen	Schräg-dach innen	Um-kehr-dach	Flach-dach	oberste Gesch. decke	Decke innen	Tritt-schall-dämm.	Keller-boden innen
Schüttung	-	(+)	(+)	-	(+)	-	(+)	-	-	+	+	-	(+)

+	geeignet, uneingeschränkt verwendbar
(+)	bedingt geeignet, mit Vorbehalten verwendbar, Anwendung z.B. als Leichtbeton
–	nicht geeignet, für diesen Anwendungsfall nicht verwendbar

Tabelle 4-47 Rechenwerte für Blähton bzw Blähschiefer/12/

	ρ	λ	s'	μ	c	Brennb.	Qualmb.	Tropf.
	kg/m^3	W/m·K	MN/m^2	-	kJ/kg·K	Klasse	Klasse	Klasse
Blähton	300 – 700	0,10 – 0,16	-	1 – 8	-	A1	-	-

Die ökologische Charakterisierung von Blähton ist in Tabelle 4-48 zusammengefaßt.

Tabelle 4-48 Ökologische Charakterisierung von Blähton (ρ = 500 kg/m^3; /8/)

Lebensweg	Umwelt-charakteristik	Energiebedarf [kWh]	Anmerkung
Rohstoffe	+	xxx	mineralisch endlich
Herstellung	0	702/m^3	bergmännischer Abbau Brechen, Schwemmen, Aufblähen (Brennen), Verpacken
Gebrauch	+	xxx	keine gesundheitsschädlichen Auswirkungen bekannt, evtl. auftretende radioaktivität < 30 Bq/kg
Sanierung / Umbau	+	k.A.	die Lebensdauer kann aufgrund der mineralischen Herkunft als hoch angenommen werden
Abbruch	+	k.A.	kein Maschineneinsatz erforderlich
Recycling	+	k.A.	Wiederverwendbar
Transport	0		die Dichte ermöglicht eine günstige LKW-Auslastung

5 BAUSTOFFE FÜR DIE DACHEINDECKUNG

5.1 Grundlagen

Das Schutzbedürfnis des Menschen vor Regen, Wind, Schnee und Sonne war Anlaß zum Bau der ersten Dächer. In der Vorzeit entwickelten sich zunächst einfache Dachhäuser und Zelte, später – auch durch das Bestreben einen persönlichen Raum abzugrenzen – wurden daraus Häuser mit komplexen Konstruktionsformen. Als Dachdeckungsmaterial wurden am Anfang Zweiggerüste und später je nach lokaler (geographischer) Verfügbarkeit Stroh, Reetgras, Schilf, Holz, Rinde, Steine und Tonschiefer verwendet. Die Eigenschaften, die diese Baustoffe erfüllen mußten, sind im Zusammenhang mit den Beanspruchungen am Dach zu verstehen:

- Wasserundurchlässigkeit, Wasserableitung, Wasserbeständigkeit, geringe Wasseraufnahme, gutes Austrocknungsverhalten

- Festigkeit zum Abtragen der Schneelasten und des Eigengewichts, Sturmsicherheit

- Wärmeschutz, Frostsicherheit, Beständigkeit gegenüber Temperaturbelastungen

- Beständigkeit gegen tierische und pflanzliche Schädlinge, Brandsicherheit

- Verfügbarkeit der Materialien

- Verarbeitbarkeit mit den zur Verfügung stehenden Werkzeugen.

Die durch die Verwendung bedingten und geforderten Eigenschaften entsprechen im wesentlichen auch unseren heutigen technischen und ökologischen Anforderungen. So stellt im Vergleich dazu die Norm für Dachziegel z.B. Mindestanforderungen auf, für: Werkstoff, Form und Abmessungen, Oberflächenbeschaffenheit, Wasseraufnahme, Wasserdurchlässigkeit, Mindestbruchlast, Frostwiderstandsfähigkeit.

5.2 Stroh, Schilf, Reet

Dachkonstruktionen haben gemeinsam mit den Außenwänden die Aufgabe unerwünschte Klimaeinflüsse abzuwehren und – bei Nutzung des Dachbereiches – das in den Räumen künstlich erzeugte Klima möglichst zu erhalten. Beim Weichdach ist das gesamte Deckungsmaterial den Belastungen des Außenklimas (Sonneneinstrahlung, Niederschlag, Winddruck, Lufttemperatur, Lärm) und den inneren Einwirkungen (Lufttemperatur, Luftdruck, Wasserdampf, Tauwasserbildung, Raumschall) unmittelbar ausgesetzt.

Die Baustoffe zur Dachdeckung bei Weichdächern sind organische Materialien – Pflanzen – deren Beständigkeit gegenüber Witterungseinflüssen nur bei ausreichenden Austrocknungsmöglichkeiten gegeben ist.

Die Feuchtebeanspruchung ist einerseits im Zusammenhang mit der Dichtheit der Dachhaut (Wasserablaufverhalten), andererseits mit der Wärmedämmung der Dachkonstruktion zu untersuchen. Die kapillare Wasserbewegung in den organischen Materialien Stroh, Reet und Schilf läßt sich aufgrund der Einflüsse durch die Deckungsart nicht exakt berechnen. Um eine ausreichend trockene Oberfläche im Inneren zu erreichen, wählt man daher eine Mindestdicke (ca. 30 cm) um evtl. Problemen vorzubeugen. An der Unterseite verbleibt dadurch eine genügend dicke, trockene Schicht mit geringer kapillarer Wasserbewegung, womit eine sehr hohe Dämmwirkung erreicht wird.

Die Poren der Materialien sind mit Luft und Wasser gefüllt, wodurch die Wärmeleitfähigkeit des Baustoffes beeinflußt wird. Für die Dauerhaftigkeit des Weichdaches ist es daher erforderlich die Zunahme des Feuchtigkeitsgehaltes zu verhindern.

Wegen des Wasserablaufverhaltens und der Sturmsicherheit sind Weichdächer bei der Gestaltung an eine Mindestdachneigung von 45° gebunden (üblich sind 50° und mehr). In die einheitliche, steile Dachhaut lassen sich gut Gauben und Ichsen (Kehlen) einbinden. Die äußere Erscheinung des steilen Weichdaches fügt sich besonders im ländlichen Raum sehr schön in das Landschaftsbild ein.

5.2.1 Materialeigenschaften

Stroh

Stroh wurde früher zur Deckung von Wohn- und Wirtschaftsgebäuden, Keller und Eisgruben in ländlichen Regionen verwendet. Von den Stroharten – die durch Dreschen von den Körnern befreiten und anschließend getrockneten Halme der verschiedenen Getreidesorten – kommt Roggenstroh (*Secale cereale*), Dinkel (*Triticum spelta*) manchmal auch Weizenstroh (*Triticum aestirum*) zur Anwendung.

Für gutes Dachstroh läßt man den Roggen (Roggenstroh ist holziger als Weizenstroh) nicht ausreifen, sondern mäht ihn zwischen Blüte und Kornansatz mit der Sense und bindet ihn zu Garben. Etwa drei Schläge mit der Sense ergeben eine Garbe, die zum Trocknen abgelegt wird. Nach etwa 14 Tagen ist das Stroh soweit getrocknet, daß es eingefahren werden kann.

Für die Verwendung als Deckungsmaterial ist langes, ausgereiftes, mit der Hand gut ausgedroschenes Stroh erforderlich. Die Halme dürfen beim Dreschen nicht breitgeschlagen oder gebrochen werden, da in das aufgebrochene Rohr Regenwasser eindringen kann. Einerseits wird dadurch das Wasserablaufverhalten der Halme gestört, andererseits kann durch das eindringende Wasser ein Faulen des Strohs und Veränderung des Wärmedämmverhaltens auftreten. Das Dreschen (Entfernen der Getreidekörner aus den Ähren) erfolgt durch Schlagen der Garben auf einer sogenannten „Schmeißbank". Nach dem Dreschen wird das Stroh durch Kämmen mit einem Schabrechen von Krummstroh und Unkraut gereinigt (schlecht gedroschenes Stroh zieht Mäuse und Vögel an) und mit zwei gedrehten Strohstricken zu einem Deckschab von 20 bis 30 cm Durchmesser gebunden /20/.

Lehmschindeldach ist der Name für ein Weichdach aus Stroh, das an der Innenseite eine geschlossene Lehmschicht besitzt und aus einzelnen vorgefertigten Teilen, den Lehmschindeln, besteht. Äußerlich unterscheidet es sich nicht vom Strohdach. Es hat dieselbe Lebensdauer und die gleichen Wärmedämmeigenschaften. Beim Lehmschindeldach kann die äußere Strohschicht zwar abbrennen, die untere Lehmschicht bleibt jedoch erhalten und schützt den Dachverband vor Feuer von außen. Die Herstellung und erforderlichen Geräte von Lehmschindeln sind in DIN 18 957 (Mai 1956) beschrieben.

Schilf

Schilf (*Phragmatis australis*) gehört zur Familie der Süßgräser und wird auch als Grundwasseranzeiger verwendet. Schilf wächst in Mitteleuropa an flachgeneigten Ufern stehender oder langsam fließender Gewässer. In solchen Gegenden fand traditionell das Schilfdach seine natürliche Verbreitung (in Österreich z.B. im Gebiet des Neusiedler Sees).

Die Ernte des Rohrs erfolgt im Winter bei gefrorener Wasseroberfläche, da zu dieser Zeit die Pflanzen vertrocknen und die Blätter größtenteils abfallen. Die Halme werden zunächst noch am Ufer luftgetrocknet und anschließend gereinigt. Durch das anschließende Hecheln mit dem Rohrkamm fallen die langen, getrockneten Blätter und die geknickten Halme heraus. Die Halme werden zu Garben (Schoofen) zusammengefaßt. Garben sind Bündel, die etwa 20 cm über dem unteren Halmende zusammengebunden werden. Bis zur Verarbeitung werden die Bündel aufrecht stehend oder in Stapeln im Freien gelagert.

Rohrkolbenschilf

Rohrkolbenschilf (*Thypha*) gehört zur Familie der Rohrkolbengewächse und ist eine weitere Schilfart die zur Deckung von Weichdächern verwendet wird. Es wächst besonders in sumpfigen Flußniederungen und erreicht eine Höhe von 1 bis 3 m. Das breitblättrige Schilf hat 2 bis 3 cm dicke Stengel, vom Grund der Pflanze ausgehende Blätter und besitzt einen keulenförmigen Blütenstand, den sogenannten Schilfkolben. Als Deckmaterial erreicht Rohrkolbenschilf etwa die gleiche Haltbarkeit wie Rohr, erscheint aber gröber und wurde daher nicht so häufig verwendet.

Reet

Reet ist die norddeutsche Bezeichnung für Riedgräser. Die Familie der Riedgrasgewächse (*Cyperaceae*) wächst auf nassen oder feuchten, sumpfigen oder flachmoorigen Böden. Reet ist sandfarben, vergraut aber nach einigen Jahren. Reet für Dachdeckung soll bis 2 m lang, dünn, geradhalmig, ungeknickt, ungeschält, gesund, gut ausgereift und frei von abstehenden Blättern und Fremdpflanzen sein. Grobe langstielige Reetgräser werden als Unterdach genutzt, hingegen werden dünnere feine Schilfteile wegen ihrer Langlebigkeit als Deckung darüber verlegt. Bei Rohrdächern kommen wegen des gröberen Deckungsmaterials Moospolster oder geschlossene Moosflächen, wie sie beim Strohdach entstehen, seltener vor. Eine Wartung des Daches wegen evtl. auftretendem Schädlingsbefall (Insekten) ist aber erforderlich.

5.2.2 Ökologische Eigenschaften

Zur ökologischen Charakterisierung der Materialien für Weichdeckungen ist der Lebenszyklus der Stoffe zu untersuchen. Die entsprechenden Angaben sind in Tabelle 5-1 zusammengestellt. Werte zum Energieaufwand sind derzeit nur bedingt verfügbar.

Tabelle 5-1 Ökologische Charakterisierung von Materialien für Weichdächer

	Umwelt-charakteristik	Energiebedarf [kWh/m³]	Anmerkungen
Verfügbarkeit	+	xxx	nachwachsende Rohstoffe (biotisch regenerierbar)
Herstellung	+		Anbau, Bewirtschaften, Ernten, Dreschen und Verarbeiten (Diesel, menschliche Arbeit)
		3 – 4	für Schilf
			Positiv ist die CO_2-Speicherung der Materialien in Betracht zu ziehen (Schilf - 404 250 g/m³)
		0,7 m	Arbeitsleistung[8] von ca. $1 – 2,5$ h/m² ausgegangen werden kann Kuppelprodukte: Bindematerialien
			Schadstoffe sind aus der Energiebereitstellung zu erwarten /18/ (Schilf: $CO_{2eq} = 48,925$ g/m³, $SO_{2eq} = 0,482$ g/m³)
Gebrauch	+	xxx	Während der Verwendung des Weichdaches sind, wenn keine Pflanzenschutzmittel verwendet wurden, keine schädlichen Auswirkungen zu erwarten.
Sanierung und Umbau	+	k.A.	Lebensdauer : Strohdach Sonnenseite 15 – 20 Jahre Schattenseite 30 – 40 Jahre Rohrdach 40 – 50 Jahre Weichdächer sind brennbar (Funkenflug, Blitzschlag). Der Energieaufwand für Umbau und Sanierung reduziert sich nahezu auf die menschliche Energie.
Abbruch	+	k.A.	Für Abbrucharbeiten sind neben den Transportkosten, der Aufwand an menschlicher Energie einzusetzen.
Recycling	+	k.A.	Material vom Abbruch von Weichdächern kann nicht wiederverwendet werden, sondern muß kompostiert oder verbrannt werden. Schadstoffwerte für die Verbrennung sind in Tabelle 5-2 angegeben.
Transport	0		Bei der Verwendung regional verfügbarer Materialien ist der Energieaufwand sehr gering.

---

[8] *B. Grützenmacher* /3/: Arbeitskakulation für einen Facharbeiter und einen Helfer jeweils 48 Min. für 1 m² Flächendeckung 50 Min. für 1 Meter Firstdeckung; andere Angaben: Strohdeckung ca. 20 m² / Tag
Energieaufwand des Menschen bei schwerer Arbeit 8,4 - 12,6 kJ/h·kg Körpergewicht

In Tabelle 5-2 sind die wichtigsten bei der Verbrennung von Stroh auftretenden Schadstoffe zusammengestellt.

Tabelle 5-2 Emissionen bei der Verbrennung von Stroh (*Siegl* 65 /19/)

	SO_2 [kg/TJ]	NO_x [kg/TJ]	Staub [kg/TJ]	CO_2 [Mg/TJ]	PaB [1] [g/TJ]
Stroh	170	340	200	130 – 300	n.b.

PaB Benzo(a)Pyren, typisch krebserregender Stoff

5.2.3 Technische Eigenschaften, Konstruktion, Herstellung

Für die statische Bemessung können für Weichdächer die in Tabelle 5-3 angegebenen Flächenlasten angenommen werden.

Tabelle 5-3 Aufbau und Flächengewicht pro m² Dachfläche von Weichdächern (*Hütte* 386 /17/)

Rohrdach einschließlich Lattung und Sparren, Lattenabstand 38 cm, Deckschicht 38 cm	Sparren 12/16 cm Latten 4,5/6,5 cm Staken Durchm. 3,5 cm Rohr	13 kg 5 kg 2 kg 29 kg
		49 kg
	Moosansatz und festgehaltenes Wasser	30 kg
	Gesamt	79 kg
Strohdach einschließlich Lattung und Sparren wie oben jedoch mit Lattenabstand 25 cm und einer Strohdicke von 25 cm, sonst wie oben	Sparren 12/16 cm Latten 4,5/6,5 cm Staken 3,5 cm Durchm. Stroh + Moos + Wasser	13 kg 6 kg 2 kg 52 kg
	Gesamt	74 kg

Die erforderliche Dicke der Deckung ist mit den jeweiligen Anforderungen an den Regenschutz und die Wärmedämmung abzustimmen.

Feuchteverhalten

Zur Erreichung der Wasserundurchlässigkeit des Daches ist eine Mindestdicke der Dachdeckung erforderlich. Das Wasser wird nach dem Eindringen in die Oberflächenschicht des Daches (*H. Künzel,* ca. 5 bis 10 cm) entlang der Stroh-, Schilfhalme umgelenkt und abgeleitet. In der Praxis ist das Eindringverhalten vor allem von der Verarbeitungsqualität abhängig.

Das Sorptionsverhalten der Baustoffe zur Deckung von Weichdächern ist durch die hygroskopischen Eigenschaften bestimmt, d.h. die Stoffe ändern mit der relativen Luftfeuchtigkeit ihre massenbezogene Feuchte. Eine Zerstörung des Daches durch die Wasseraufnahme der Halme bzw. durch Frosteinwirkung ist nicht bekannt.

Für die Berechnung des Diffusionsverhaltens der Dachkonstruktion kann die Diffusionswiderstandszahl für Schilfplatten bzw. Strohschüttungen mit μ = 1 bis 1,5 herangezogen werden.

Wärmedämmung

Das Klima in Dachräumen die mit Stroh, Schilf oder Rohr gedeckt sind, wird allgemein als sehr angenehm beschrieben. Die für die wärmetechnische Berechnung erforderlichen Werte sind in Tabelle 5-4 zusammengestellt.

Tabelle 5-4   Dichte und Wärmeleitfähigkeit für Baustoffe für Weichdächer

	Dichte [kg/m³]	Wärmeleitzahl [W/m·K]	spezifische Wärmekapazität [kJ/kg·K]
Stroh	150	0,056 – 0,1	ca. 1,8 – 2,0
Schilf, Reet	180 bis 300	0,072	ca. 1,8 – 2,0

Brandschutz

Stroh, Schilf und Reetgras gehören der Brennbarkeitsklasse B3 (leicht entflammbar) an. Die gute Brennbarkeit der Materialien war ein Grund diese durch andere Stoffe zu ersetzen. Die Entflammbarkeit kann jedoch durch Tauchen in Tränkmittel (Wasserglas) herabgesetzt werden. Die Tränkmittel können auch jeweils nach dem Aufbinden der einzelnen Deckungslagen von oben nach unten aufgesprüht werden. Auch das Verstreichen an der Innenseite mit Lehm war früher üblich (Entwicklung der Lehmschindeln). Ein Anstrich, der sich für diese Innenimprägnierung ebenfalls eignete, ist eine Mischung von Kalkmilch und Wasserglas (Verhältnis 4 : 1).

Beim Blitzschutz sind bei den Blitzschutzanlagen auf aufgeschmolzene und abtropfende Teile der Blitzableiter zu achten und entsprechende Vorkehrungen zu treffen.

Dauerhaftigkeit

Die Dauerhaftigkeit des Daches hängt von der Aufbereitung (Dreschen, Hecheln etc.) des verwendeten Baustoffes (Stroh, Rohr) und der Wartung ab. Ein Befall des Weichdaches mit tierischen (Vögel, Insekten, Mäuse etc.) und pflanzlichen (Moose) Schädlingen ist möglich.

Befestigungsmittel

Für die Sturmsicherheit eines Weichdaches ist die Ausführung von abgewalmten Giebeln erforderlich. Bei Sturm schwingt die Dachhaut, verliert aber nicht ihren Zusammenhang. Schlagregen, Schnee und Staub können nicht durchschlagen.

Als Befestigungsmittel kamen Strohseile, Kokosgarn oder Kupferdraht zur Anwendung. Weichdächer, die nur mit Garn befestigt sind, erwiesen sich als gefährlich, da das Deckungsmaterial im Brandfall sehr schnell vom Dach heruntergleitet und die Fluchtwege versperrt. Daher wird jetzt verzinkter Draht verwendet.

Konstruktionsarten

Die Neigung der Dächer für Weichdeckungen sollte entsprechend Tabelle 5-5 gewählt werden.. Die Eindeckung mit den oben angeführten Materialien erfolgt auf Dachlatten oder Stangen die parallel zur Traufe befestigt sind. Die Stroh- oder Schilfbündel mit einer Länge von ca. 1,00 bis 1,30 m (1,60 m) und einem Durchmesser von ca. 15 cm werden an diesen Dachlatten mit Zinkdraht oder Weidenkrampen befestigt (Stoppelenden zur Traufe), sodaß die Bündel ca. 40 bis 60 cm überlappen. Als Prinzip gilt: jeder Halm sollte 3 mal aufgebunden sein. Man unterscheidet je nach Befestigungsart (Abbildung 5-1):

- gebundene Deckung – Bandstock (Weide, Haselnuß l = 2 m; d = bis 4 cm)
- genähte Deckung
- gesteckte Deckung.

Tabelle 5-5 Mindestdachneigungen und -dicken für Weichdächer

	Mindestdachneigung in Grad	Mindestdicken der Deckung in cm
Strohdach	(45) 50 – 60°	25
Schilf- und Rohrdach	50°	28

An den Graten und Ichsen werden die Strohbündel flächenartig aufgebunden. Für die Ausbildung des Firstes werden verschiedene Konstruktionsarten angewendet:

- First aus Wirrstroh
- Rohrfirst
- Grassodenfirst
- Knopffirst
- Firstausbildung mit Strohpuppen.

Abbildung 5-1   oben: Strohdeckung: Stroh mit Weidenruten aufgebunden,
                 unten: Knotenausbildung bei genähten Dach   (Fotos: *A. Hainzl* /20/)

Weitere Erläuterungen zu den Konstruktionsprinzipien finden sich z.B. bei *W. Schattke (*Das Reetdach, 1992 /1/) und *B. Grützmacher* (Reet- und Strohdächer, 1981 /3/).

5.3 Holzschindel

5.3.1 Allgemeines

Das Holz war seit den Anfängen der menschlichen Bautätigkeit in vielen Regionen der Baustoff, der wegen seiner Verfügbarkeit und leichten Bearbeitbarkeit selbst mit unzulänglichem Gerät für viele Bauteile beim Haus verwendet werden konnte. Das Dach oder auch Wandverkleidungen aus Holz herzustellen war daher sehr naheliegend. Unter der Bezeichnung Schindeldach versteht man eine aus gespaltenen Brettchen gestaltete Dachhaut.

Schon aus der Römerzeit sind Berichte bekannt, wo verschiedene Deckungsarten angeführt werden (*arundo:* starkes Langrohr, *scindula:* Schindel). Auch über die verschiedene Eignung der Holzarten gibt es aus dieser Zeit bereits Aufzeichnungen.

Schindeln sind im Hochgebirge auch heute noch eine der geeignetsten Dachdeckungen, da sie gegen Druck (Schnee und Eis, Sturm und Hagel) außerordentlich widerstandsfähig und frostbeständig sind. Ihr geringes Gewicht ermöglicht zusätzlich den Bau besonders leichter Dachstühle. Die Lebensdauer von richtig gewarteten Schindeldächern ist im Gebirge größer als die jeder anderen Dachdeckung. Auch die Verfügbarkeit des Materials, die einfache Reparierbarkeit und die geringe Umweltbelastung sind Vorteile von Holzschindeln. Aufgrund ihres geringen Gewichtes und ihrer Kleinteiligkeit sind sie gut für anspruchsvolle architektonische Anwendungen einzusetzen.

Der große Nachteil der Holzschindeln liegt in ihrer Brennbarkeit. Diesem Problem wurde schon in früheren Zeiten (Feuerordnungen) durch besondere Sicherheitsabstände zu benachbarten Gebäuden begegnet, um zumindest die Brandausbreitung einzuschränken.

5.3.2 Materialeigenschaften

Gutes Schindelholz wird während der Saftruhe in den Wintermonaten geschlägert. Von den europäischen Holzarten eignen sich Lärchen-, Fichten-, Kiefern-, Tannen-, Eichen- oder Buchenholz. Wegen der hohen Lebensdauer und schlechten Entzündbarkeit sind Lärche und Eiche am günstigsten[10].

Lärche und Eiche sind stark gerbsäurehältig und können daher ungeschützte Metallbleche, aber auch verzinktes Stahlblech und Reinzink ohne Schutzanstrich stark angreifen. Auch Eisen und Zink bilden starke Reaktionsfärbungen auf Schindelflächen.

5.3.3 Ökologische Eigenschaften

Die ökologische Angaben zum Lebenszyklus der Deckungsmaterialien sind in Tabelle 5-6 zusammengefaßt. Werte zum Energieaufwand können teilweise nur abgeschätzt werden.

---

[10] Über die speziellen Eigenschaften der Hölzer siehe auch den Abschnitt über die Eigenschaften heimischer Nutzhölzer.

Tabelle 5-6 Ökologische Charakterisierung von Schindeldächern (Fichte ρ = 450 kg/m³)

	Umwelt-charakteristik	Energiebedarf [kWh]	Anmerkungen
Verfügbarkeit	+	xxx	nachwachsende Rohstoffe (biotisch regenerierbar)
Herstellung	+	660/m³	Waldbewirtschaftung, Transport, Trocknen, Schneiden, Spalten[11], Verlegeleistung pro m² Einfachdeckung (l = 55 cm) 25 min Doppeldeckung (l = 55 cm) 45 min Die CO_2-Speicherung durch Holz kann als positiver Anteil der Ökobilanz gewertet werden.
Gebrauch	+	xxx	keine schädlichen Auswirkungen bekannt
Sanierung und Umbau		1000 kJ/h	Lebensdauer entsprechend Tabelle 5-7 Der Energieaufwand für die Sanierung reduziert sich jedoch nahezu auf die menschliche Energie.
Abbruch	+	k.A.	Für Abbrucharbeiten neben den Transportkosten, der Aufwand an menschlicher Energie einzusetzen.
Recycling	+	k.A.	Unbehandeltes Holz kann verbrannt oder kompostiert werden, Schadstoffe bei der Verbrennung entstehen entsprechend Tabelle 5-8.
Transport	0		Bei der Verwendung regional verfügbarer Materialien ist der Energieaufwand sehr gering.

Zur Erhöhung der Lebensdauer wurden Holzschindeln früher gelegentlich mit Teer, Leinöl oder Karbolineum imprägniert. Damit verschlechtert sich das Umweltverhalten bei der Entsorgung in hohem Maße. Die Lebensdauer hängt aber vorwiegend von der Holzart, der Schindelart, der Deckung und der Wartung des Daches ab. Richtwerte für die Dauerhaftigkeit sind in Tabelle 5-7 zusammengestellt.

Tabelle 5-7 Lebensdauer von Holzschindel (*Carstensen* /10/, *Titscher* /13/, *Stegmann* /12/, *Warth* /21/)

	Lebensdauer in Jahren	Quelle
Schindeldächer bei entsprechender Wartung	15 – 20	/13/
Imprägnierte Schindel	20 – 30	/12/
Wetterseite (Handschindel, Nadelholz)	20 – 25	/10/
Wetterabgewandte Seite	25 – 35	/10/
Maschinenschindel	10 – 20	/10/
Eichenschindel	bis 100, 30 – 50	/10/
Lärchenschindel	70 – 80	/10/
Nadelholz allgemein	10 – 20	/21/
Doppeldeckung untere Schindellage	60 – 90	/10/
Legeschindel	3 – 4	/20/

---

[11] Für die Herstellung von 180 Handschindel wird ca. 1 Arbeitstag benötigt /10/.

Tabelle 5-8 enthält Werte für Emissionen bei der Holzverbrennung bei privater (unvollständiger) bzw. industrieller (vollständiger) Verbrennung.

Tabelle 5-8 Emissionen bei der Verbrennung von Holz (*Siegl* S.65 /19/)

	SO_2 [kg/TJ]	NO_x [kg/TJ]	Staub [kg/TJ]	CO_2 [Mg/TJ]	PaB [1] [g/TJ]
Holz (privat)	30	60	100	300	n.b.
Holz (industr.)	100	640	100	130	130

[1] PaB Benzo(a)Pyren, typisch krebserregender Stoff

5.3.4 Herstellung – Schindelarten

Holz für die Schindelerzeugung sollte geradspaltig, astfrei und gesund sein, sowie gleichmäßige Jahresringe besitzen. Die Haltbarkeit der Holzschindeln hängt nicht nur von der Holzart und der Holzqualität ab, sondern auch von der Art der Erzeugung. Man unterscheidet:

- gespaltene (gerissene) Holzschindel

- geschnittene (Maschinenschindel) Holzschindel.

Gespaltene Schindeln haben im Gegensatz zu gesägten Schindeln den Vorteil, daß die Holzfasern beim Spalten nicht zerstört werden. Dadurch ist ein leichteres und rascheres Ablaufen des Regenwassers möglich.

Geschnittene Schindel weisen aufgrund der Rauhigkeit ein schlechteres Wasserablaufverhalten auf. Daraus ergibt sich z.B. ein besseres Haften von Moosen und damit eine Verringerung der Lebensdauer.

Carstensen /10/ gibt zur Schindelherstellung von Handschindeln folgendes an: Zur Schindelherstellung wurde früher das Holz im Herbst geschlagen und konnte bis zur Verarbeitung wenigstens ein Jahr austrocknen. Die geeigneten Stämme wurden gleich nach dem Fällen im Wald bis auf die Bastschicht entrindet, die beim Trocknen das Platzen und Reißen des Holzes verhindern soll.

Zur Schindelerzeugung sollten die Stämme, je nach Schindelart, auf die erforderliche Länge zugeschnitten und nachdem sie einmal gespalten wurden – möglichst in der Sonne – gestapelt werden. Dadurch verliert das Holz seine Spannung und bekommt keine Kernrisse. Beim Stapeln muß darauf geachtet werden, daß das Zopfende (zur Krone orientiertes Stammende) nach außen liegt, da die Hirnholzfläche am Wurzelende leicht zum Platzen neigt. So sollte das Holz ein weiteres Jahr gelagert werden.

Der schon einmal durchgespaltene Klotz wird mit einem Spaltbeil oder der Schindelaxt, der Spaltklinge und dem Holzschlägel weiter gespalten. Dazu wird die Axt radial auf die Hirnholzfläche des Klotzes aufgesetzt und durch einen kräftigen Schlag mit dem Holzschlägel ein keilförmiges Stück in ungefährer Stärke von zwei Schindeln abgetrennt. Dieses Stück wird dann mit zurückgesetzter Spitze ein zweites Mal aufgespalten. Dadurch verhindert man, daß die Kernspitze zu dünn wird und splittert. Vortretende Äste, die bei der späteren Bearbeitung die scharfen Zieh- und Spaltmesser leicht stumpf machen, werden abgeschlagen. Je nach Schindelart erfolgt die Weiterbearbeitung mit den Zieh- oder Spaltmessern. Für die formenreichen Schuppenschindeln wird zur Weiterbearbeitung eine Stanze für Zierschnitte verwendet.

5.3.5 Schindelarten – Form und Abmessungen

Nach der Form und der Art der Eindeckung unterscheidet man (Abbildung 5-2):

- Legschindel
- Scharschindel
- Schuppenschindel
- Spundschindel

- Nutschindel
- Schieferschindel
- Bretterdach.

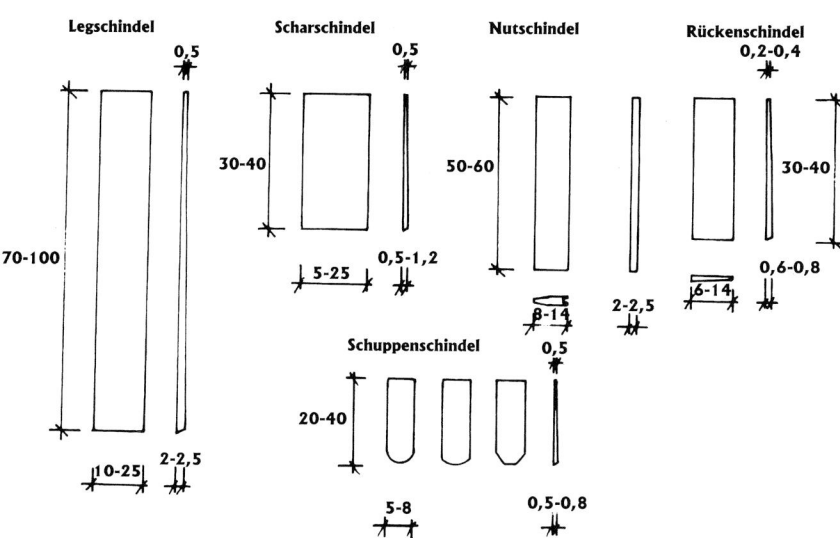

Abbildung 5-2 Schindelformen

Schindel werden je nach Dachaufbau auf Lattung oder Schalung verlegt. Angaben für die Abmessungen, Dachneigung, Verlegeart und das Flächengewicht sind in Tabelle 5-9 und Tabelle 5-10 zusammengefaßt.

Tabelle 5-9   Schindelarten, Dachneigungen, Lattenabstand und Deckungsarten für
Schindeldächer /20/

	Schindelabmessungen l/b/d	Dachneigung in Grad	Lattenabstand [cm]	Deckungsart
Legeschindel	70 – 100/10 – 25/2 – 2,5	≤ 25	22,5	3-fach
Scharschindel	30 – 50/8 – 12/0,2 – 0,8		Schalung oder Lattung	3-fach oder 4-fach
Schuppenschindel	20 – 42/5 – 12/0,5 – 0,8	≥ 45	Schalung	3-fach
Langschindel	70 – 80/10 – 25/0,8 – 2	≥ 30 (≥ 40 bei 2-fach)	Schalung oder Lattung	3-fach
Nutschindel	52 – 65/8 – 10/2 – 2,2	≥ 40	Schalung oder Lattung (40 cm)	1-fach
Spundschindel		≥ 40 (1-fach) ≥ 30 (2-fach)		1-fach oder 2-fach
Schieferschindel	60/10			fischgrätartig
Bretterdach				einfach

Tabelle 5-10   Übergreifung und Lattenweite bei Schindeldeckungen

	Übergreifung ü in cm	Lattenweite L in cm
Bretterdach (horizontal)	6 – 10 cm	xxx
Einfachdeckung	8 – 15 cm	L = l - ü
Doppeldeckung	doppelt bzw. 5 cm	L = 0,5 · (l - ü)

Tabelle 5-11 enthält Richtwerte für die Lastannahmen für Dachaufbauten mit Holzschindel für verschiedene Dachaufbauten.

Tabelle 5-11   Aufbau und Flächengewicht pro m² Dachfläche eines Schindeldaches
(*Hütte* S.386 /3. Band/)

Schindeldach einschließlich Schalung und Sparren (Doppeldeckung)	Sparren 12/16 cm Schalung 2,5 cm Schindel (l = 33) einschließlich Nägel	13 kg 16 kg 16 kg
		45 kg
Sparren 12/16		
Schindeldach einschließlich Lattung und Sparren, sonst wie oben (Einfachdeckung)	Sparren 12/16 cm Latten 4,5/6,5 cm Schindel (l = 33) einschließlich Nägel	13 kg 6 kg 16 kg
		35 kg

Die technischen Eigenschaften der Hölzer die sich für Schindel eignen, können im Abschnitt über heimische Nutzhölzer nachgelesen werden. Die wichtigsten Eigenschaften in Bezug auf die Verwendung als Dachschindel sind in Tabelle 5-12 zusammengefaßt.

Tabelle 5-12 Technische Eigenschaften heimischer Hölzer für Schindel

	Lärche	Fichte	Eiche
Dichte (lufttrocken) kg/m*3	600	470	730
Biegezugfestigkeit N/mm*2	99	78	88 – 110
Spaltbarkeit	+	++	+
Dauerhaftigkeit tierische Holzschädlinge	++	-	Kern ++ Splint -
Dauerhaftigkeit pflanzliche Holzschädlinge	+	-	Kern ++ Splint -
Dauerhaftigkeit Witterung	+	0	++

Abbildung 5-3 und Abbildung 5-4 zeigen Beispiele für die Verwendung verschiedener Schindel.

Abbildung 5-3 Scharschindeldeckung und Beispiel einer Dachfläche mit Scharschindeldächer

Abbildung 5-4
Bretterdach mit vertikaler
Anordnung der Bretter,
prinzipiell ist auch
horizontale Deckung
möglich

5.4 Schieferdeckung, Steindeckung

5.4.1 Allgemeines

Tonschiefer eignet sich als Deckungsmaterial vor allem wegen seiner guten Wetterbeständigkeit, leichten Verarbeitbarkeit, sowie dem architektonisch interssanten Erscheinungsbild. Aufgrund seines lokal angesiedelten Vorkommens gibt es traditionell nur ein begrenztes Verbreitungsgebiet. Die Verwendung wurde trotz der technischen und gestalterischen Vorzüge auch durch den relativ hohen Preis und die aufwendige Verarbeitung eingeschränkt. Neben der Verwendung als Deckungsmaterial findet Dachschiefer auch Verwendung als Wandbeschieferung. Zwischen einer Wandbeschieferung und der Dachdeckung mit Schiefer besteht kein wesentlicher Unterschied, die Gebinde laufen bei der Wandbeschieferung jedoch horizontal.

5.4.2 Materialeigenschaften

Werkstoff

Als Dachschiefer werden Tonschiefer verwendet, die leicht und ebenflächig in dünne Tafeln spaltbar sind. Die Schieferung entsteht bei der Metamorphose durch Druck normal zur Schieferungsebene. Der Druck bewirkt die Ausrichtung flächiger Anteile bzw. die Neubildung von Mineralen z.B. Glimmerplättchen. Man unterscheidet je nach dem Grad der Umprägung (*Wagenbreth*, 81 /14/):

- *Schieferton:* dünn geschichtetes Gestein durch Festwerden von Lockersedimenten (Schluff und Ton) zu Sedimentgestein durch physikalische und chemische Veränderung an oder wenig unter der Erdoberfläche (Diagenese).

- *Tonschiefer:* Gestein, das bereits stärker diagenetisch verfestigt wurde und zum Teil bereits auch umgepägt (Metamorphose) wurde, d.h. ein Teil der Tonminerale wurde bereits zu Glimmer und Quarz umkristallisiert.

Die als Dachschiefer verwendeten Tonschiefer setzen sich u.a. aus Glimmerblättchen, Tonsubstanzen, Quarz , Feldspat, Rutilnädelchen und Kalkspatteilchen zusammen. Die Farbe des Dachschiefers ist meist grauschwarz, graublau oder graugrün (Chlorite). Die dunkle Farbe des Schiefers entsteht durch Kohlenstoffanteile, die jedoch durch die Bewitterung wieder ausbleicht.

Für die Verwendung des Tonschiefers zur Dachdeckung sollte er frei von schädlichen Beimengungen sein (z.B. kohlensaurem Kalk – braust mit Salzsäure; und Schwefelkies – stechender Geruch beim Glühen). Der Gehalt von Schwefelkies kann bei der Verwitterung den Schiefer mürbe machen und evtl. die Nägel zerstören. Ein für die Dachdeckung geeigneter Tonschiefer gibt beim Anschlagen einen hellen Klang und zeigt beim Anreißen eine helle Linie. Dumpfklingende Platten besitzen oft feine Haarrisse, die die Frostbeständigkeit des Materials verschlechtern. Die Oberfläche sollte glatt sein und ein gleichmäßiges Korn aufweisen. Tonschiefer mit gefältelten oder gerunzelten Oberflächen, sandigen Flasern oder Quarzadern sind als Dachschiefer nicht geeignet. In Tabelle 5-13 sind wichtige Daten für Dachschiefer zusammengestellt.

Tabelle 5-13 Technische Werte für Dachschiefer (*Scholz* /15/, *Schunk* /16/)

Rohdichte	$2700 - 2800 \ kg/m^3$
Reindichte	$2820 - 2900 \ kg/m^3$
Wahre Porsosität	$1,6 - 2,5 \ Vol.-\%$
Scheinbare Porosität	$1,4 - 1,8 \ Vol.-\%$
Wasseraufnahme	$0,5 - 0,6 \ Masse.-\%$
Quellen und Schwinden	$0,1 - 13 \ mm/m$

Weitere Eigenschaften wie Biegefestigkeit, Frostbeständigkeit, der Anteil treibender Bestandteile etc. werden in der DIN 52 501 und DIN 52 206 geregelt.

Zur Beurteilung der Qualität des Dachschiefers wird die Vernetzung und die Lagenzahl der einzelnen Schieferschichten herangezogen. Je höher die Vernetzung ist, desto besser ist die Qualität des Dachschiefers /16/.

5.4.3 Ökologische Eigenschaften

Der Dachschieferabbau erfolgt größtenteils im Untertagebau. Die Größe der gewonnenen Platten richtet sich nach der Teilung des Gesteins durch die natürlichen Klüfte. Der Schiefer wird in Blöcke geschnitten (1,2/0,8/0,4 m), mit Hilfe eines Spaltgerätes von der Wand gelöst und zur Weiterverarbeitung in Rohlinge gespalten. Noch im Werk werden die Rohlinge maschinell mit Zurichtemaschinen weiterverarbeitet /16/. Die endgültige Formgebung des Steines kann entweder im Werk oder auf der Baustelle erfolgen.

Schieferplatten werden genagelt, die Dächer sind daher reparierbar. Bei der Entsorgung kann der Tonschiefer in unverändertem Zustand wieder in den Naturkreislauf zurückgeführt werden.

Die ökologischen Charakterisierung von Schieferdeckungen ist in Tabelle 5-14 zusammengestellt. Werte zum Energieaufwand bei der Gewinnung sind derzeit noch nicht verfügbar.

Tabelle 5-14 Ökologische Charakterisierung Dachschiefer /8/

	Umwelt- charakteristik	Energie- bedarf [kWh]	Anmerkungen
Verfügbarkeit	0	xxx	mineralisch, endlich
Herstellung	+	1160/m³	Bergmännischer Abbau, Schneiden, Spalten, Zurichten
			Transport, Verarbeitung (Zurichten, Bohren), als Befestigungsmittel werden 2 feuerverzinkte Schiefernägel oder Schieferstiften (32 – 35 mm) pro Platte verwendet.
			Pro m² Dachfläche werden ca. 30 – 35 kg Dachschiefer benötigt.
			Schadstoffe sind beim Abbau und Transport zu erwarten.
			Monetär am ungünstigsten wirkt sich hier der hohe Anteil menschlicher Energie aus.
Gebrauch	+	xxx	keine schädlichen Auswirkungen bekannt
Sanierung und Umbau	+	k.A.	Die Lebensdauer von Schieferdächern ist sehr hoch (bis zu mehreren hundert Jahren).
			Der Energieaufwand für Umbau und Sanierung reduziert sich nahezu auf die menschliche Energie.

Fortsetzung Tabelle 5-14

Abbruch	+	k.A.	Für Abbrucharbeiten neben den Transportkosten, der Aufwand an menschlicher Energie einzusetzen.
Recycling	+	k.A.	Schieferplatten können bei gutem Zustand weiterverwendet werden, abgewitterte Schieferplatten müssen entsorgt werden, können aber unbedenklich in den Naturkreislauf rückgeführt werden.
Transport	0		Bei der Verwendung regional verfügbarer Materialien ist der Energieaufwand sehr gering und daher mit entsprechend geringer Umweltbeeinträchtigung zu rechnen.

5.4.4 Herstellung, Werkzeuge, Konstruktionsarten

Schieferdächer werden mit unterschiedlich geformten Steinen gedeckt (Abbildung 5-5). Des weiteren unterscheidet man:

- *Decksteine:* auf ebene Dachflächen

- *Kehlsteine:* in Kehlen (Ichsen) und bei Gauben d.h. dort, wo eine Dachfläche in eine andere übergehen soll. Durch sie bilden Dach und Kehlflächen ein einheitliches Ganzes. Untergelegte Kehlen werden, da sie die Dachfläche optisch zerschneiden, als gestalterisch schlechtere Lösung angesehen

- *Anfangsort- und Endortsteine:* (am Ortgang). Sie unterscheiden sich von den übrigen Decksteinen meist durch ihre Größe und ihre Verlegeart, die steiler gewählt wird, um das Wasser sicher vom Ortgang in die Dachfläche leiten zu können.

Altdt. Schuppenschablone Fischschuppe Achteckschablone Normalschablone Rechteckschablone

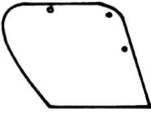 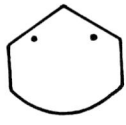 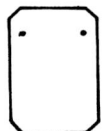 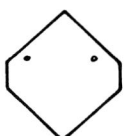 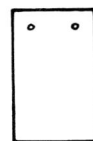

Abbildung 5-5   Beispiele für Formen von Schieferdachsteinen

Bei den Deckungsarten von Schieferdächern unterscheidet man im wesentlichen drei Arten (Abbildung 5-6):

- (alt)deutsche Deckung

- englische Deckung

- französische Deckung .

Obwohl der Bezug von schon behauenen Schiefersteinen eine Ersparnis an Transportkosten und Arbeitszeit bedeutet, sollte der Schiefer roh an den Verarbeitungsort gebracht werden.

Dort wird er vom Schieferdecker zugehauen, der auch darauf achtet, daß die Höhe des Steines vom Kopf bis zum Fuß gleich oder größer ist, als die Breite von Brust bis Rücken. Wenn die Steine fertig zugehauen sind, werden sie entsprechend ihrer Höhe zu Gebinden, Deckgebinde, Fußgebinde, Firstgebinde, Ortsgebinde sortiert.

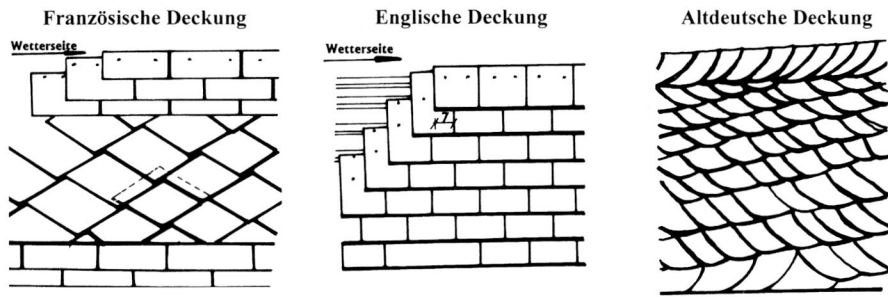

Abbildung 5-6 Deckungsarten von Schieferdächern

In Tabelle 5-15 und Tabelle 5-16 sind weitere wichtige Angaben zur Konstruktion und den Deckungsarten von Schieferdächern zu finden.

Tabelle 5-15 Lastannahmen für Schieferdeckungen (*Hütte* S.385 /17/, /22/)

Deutsches Schieferdach auf Schalung (Steine ca. 35/25) (normaler Hieb Seitenüberdeckung 10 cm)	Sparren 12/16 cm Schalung 2,5 cm Dachpappe Schiefer einschl. Nägel	13 kg 16 kg 3 kg 32 kg 64 kg
Deutsches Schieferdach auf Schalung (Steine ca. 20/15) (normaler Hieb Seitenüberdeckung = 6 cm)	Sparren 12/16 cm Schalung 2,5 cm Dachpappe Schiefer einschl. Nägel	13 kg 16 kg 3 kg 28 kg 60 kg
Englisches Schieferdach auf Lattung (sonst wie oben)	Sparren 12/16 cm Lattung 4,5/6,5 Schiefer einschl. Nägel	13 kg 6 kg 25 kg 44 kg

Tabelle 5-16 Angaben zur Ausbildung von Schieferdächern

Form, Geometrie	Größe, Maße	Empfehlung
Dachneigung	$\geq 25°$	
Schalung	für die gesamte Fläche erforderlich	bei einem Sparrenabstand von 65 cm mindesten 24 mm stark
Gebindesteigung (schräges Ansteigen des Decksteingebindes in einem spitzen Winkel zur Traufe)	abhängig von der Dachneigung	Mindestgebindesteigung muß an jeder Stelle eingehalten werden (Wasserablauf). Die maximale Gebindesteigung wird unabhängig von der Dachneigung durch das Decksteinformat bestimmt.
Decksteingröße (Höhe/Breite) Randsteine (Höhe/Breite)	ca. 22/17 bis 36/28 ca. 30/13 bis 60/30	abhängig von architektonischen, wirtschaftlichen Aspekten und der Regensicherheit

Verlegen der Dachsteine

Beim Verlegen der Schiefersteine wird nach einem festgelegten Schema vorgegangen. Begonnen wird mit dem Eckfußstein, von dessen Oberkante aus eine Linie parallel der Gebindesteigungslinie gezogen wird. An dieser entlang werden die nach links (oder auch nach rechts) verjüngt zulaufenden Fußsteine angebracht.

Das Deckengebinde beginnt an der Traufe mit einem Gebindestein, der so anzusetzen ist, daß die Traufenlänge in möglichst gleiche Abstände unterteilt wird. Mit den aussortierten größten Decksteinen wird das erste Deckengebinde hergestellt. Anschließend wird, vom ersten Gebindestein ausgehend, das nächste Fußgebinde gedeckt, und danach das zweite Deckengebinde aufgebracht.

Im Firstbereich wird ein Firstgebinde aufgelegt. Die Form der Firststeine sollte den Gebindesteinen angepaßt sein. Das der Wetterseite zugewandte Firstgebinde sollte das der anderen Dachfläche um 3 bis 4 cm überragen.

Befestigungen

Zur Befestigung der Schiefersteine auf der Dachschalung werden zwei feuerverzinkte Schiefernägel oder Schieferstifte (32 – 35 mm) verwendet. Die Rostsicherheit der Nägel ist von genauso großer Bedeutung, wie die Qualität der Steine.

5.4.5 Steindeckung

Neben der Konstruktion von Schieferdächern gibt es die Möglichkeit der Steinplattendeckung. Dabei werden dünne (2 – 3 cm), meist nur grob behauene, dichte und frostbeständige

Steinplatten – Granit-, Gneis-, Kalk- oder Porphyrplatten – zu Dachplatten verarbeitet. Die Steinplattendeckung wird bei Dächern unter 30° Dachneigung verwendet, wobei zur Verhinderung des Abrutschens die Steinplatten oft stufenförmig verlegt werden. Die Überdeckung der Steine sollte 10 cm betragen. Steinplattendeckungen benötigen wegen des großen Gewichtes einen sehr kräftigen Dachstuhl.

6 ANSTRICHE, FARBEN, OBERFLÄCHENBEHANDLUNGEN

6.1 Allgemeines – Zusammensetzung von Anstrichmitteln

Die Oberflächen von Bau- und Werkstoffen werden aus vielfältigen Gründen mit Anstrichen, Farben oder anderen Stoffen behandelt:

- Schutz gegen äußere Einwirkungen (Werterhaltung)

- Verbesserung der Kennzeichnung (Sichtbarkeit, Tarnung)

- Hygiene (Sauberkeit, Schmutzabweisung)

- Dekoration (Verschönerung, künstlerische Gestaltung).

Unter *Anstrich* versteht man eine aus Anstrichstoffen hergestellte Beschichtung auf einem festen Untergrund. Die Eindringtiefe in den Baustoff hängt sowohl von der Art des Materials als auch von der Oberflächenbehandlung ab.

Anstrichstoffe setzen sich aus Farbmittel, Bindemittel und Löse-[11] oder Verdünnungsmittel[12] zusammen (Abbildung 6-1).

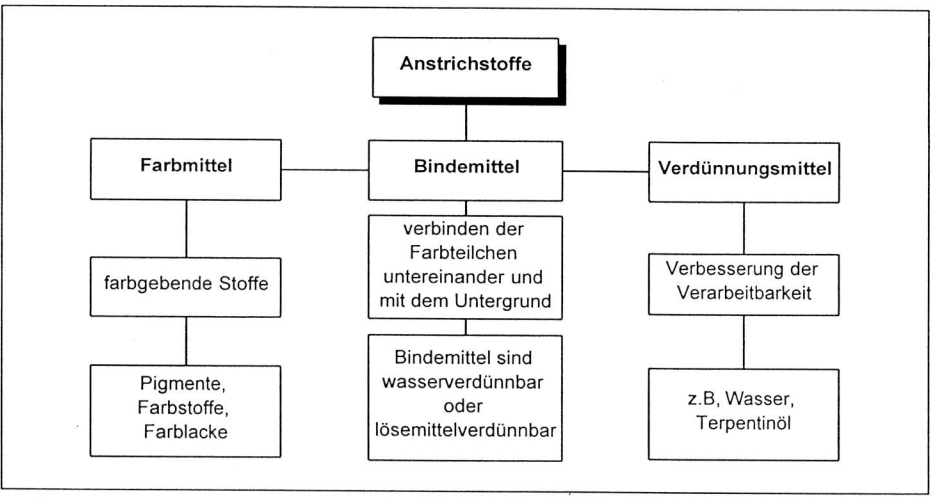

Abbildung 6-1 Zusammensetzung von Anstrichstoffen

Die Bezeichnung von Anstrichen erfolgt nach dem Verwendungszweck (Fassaden-, Innen-, Fußbodenanstrich, etc.), oder der Bindemittelart (Kalk-, Öl-, Lack-, Dispersionsfarbe, etc.).

---

[11] Lösemittel sind leicht flüchtige Flüssigkeiten, die in der Lage sind Bindemittel und Harze ohne chemische Veränderung aufzulösen, mit einem Lösemittel kann eine Farbe immer verdünnt werden.

[12] Verdünnungsmittel sind Flüssigkeiten, die ein Anstrichmittel verdünnen, das Bindemittel aber nicht lösen können.

Bei den Lackanstrichen werden im einzelnen unterschieden:

- Rohstoffbasis (Öllacke, Nitrocelluloselack, Alkydharzlack)

- Trocknung (z.B. Einbrennlack)

- Anstrichaufbau (Grundierung, Decklack, etc.)

- Oberflächeneffekt (Mattlack, Seidenglanz, usw.)

- Art des Auftrags (z.B. Tauchlack, Spritzlack).

6.1.1 Schichtdicken und Eigenschaften von Oberflächenbehandlungen

Die Anstriche und Beschichtungen unterscheiden sich u.a. durch die Dicke der aufgebrachten Schichten und das Eindringvermögen in den Untergrund. Die Schichtdicken verschiedener Anstriche und Beschichtungen auf kalk-, gips- und zementgebundenen Baustoffen sind in Tabelle 6-1 zusammengestellt.

Tabelle 6-1: Anstrichdicken für zementgebundene Baustoffe und Holz (*Schneider /2/, Knöfel/1/*)

Oberflächenbehandlung	Zemengebundene Baustoffe [μm]	Holz [μm]
Imprägnierung	< 20	0 – 50
Lasur	–	15 – 80
Lackierung	–	80 – 120
Versiegelungen	20 – 100	50 – 300
Beschichtung	100 – 2000	100 – 5000

6.1.2 Farbmittel

Als Farbmittel werden alle farbgebenden Stoffe bezeichnet, die nach ihrer Löslichkeit im Anwendungsmedium unterschieden werden.

- *lösliche Farbstoffe* (organisch): Bei löslichen Farbstoffen (z.B. Textilfarben in der Färberei) werden die gelösten Stoffe durch chemische Reaktion in unlösliche Stoffe übergeführt (Farblacke). Naturfarbstoffe sind z.B. Indigo, Karmin, Purpur.

- *unlösliche Pigmente* (anorganisch und organisch): Pigmente (lat. Farbe, Färbestoff auch Schmuck und Schminke) bilden keine echten Lösungen und werden als Dispersion in Bindemittel (Kalk, Zement, Leinöl etc.) verwendet.

Für Farben und Anstriche im Bauwesen stellen die Pigmentfarben, die auch Körperfarben genannt werden, die wichtigere Gruppe dar.

Hinweis:

Kolloide Lösung (*griech.* kolla = Leim): Stoffe die wegen der Größe ihrer Teilchen keine echten (klaren) Lösungen bilden. Die Teilchen sind elektrisch geladen und flocken daher nicht aus, können aber sedimentieren.

Dispersion: Ist in einem festen, flüssigen oder gasförmigen Stoff (Dispersionsmittel) ein anderer Stoff (Dispersum) fein verteilt, so nennt man das Stoffsystem eine Dispersion.

Suspension: Sind feine Stoffe in fester Form in einer Flüssigkeit verteilt, so nennt man das Stoffgemisch Suspension.

Emulsion: Ist eine Flüssigkeit in einer anderen Flüssigkeit fein verteilt, ohne sich zu vermischen, so nennt man das Stoffsystem Emulsion.

Pigmente

Pigmente können in Abhängigkeit von ihrer Entstehung wie folgt unterschieden werden:

- natürliche Pigmente

    ⇒ anorganische Pigmente: Erdfarben z.B. Kalk, Ocker

    ⇒ organische Pigmente: Farbstoffe tierischer oder pflanzlicher Herkunft, z.B. Karminrot, Schüttgelb

- künstliche Pigmente

    ⇒ anorganische Pigmente: Mineralfarben z.B. Titanfarben (Titanweiß), Bleifarben (Bleiweiß)

    ⇒ organische Pigmente: Teerfarben (synthetische Farbstoffe) z.B. Anilinschwarz.

Pigmente sind kleine Teilchen mit einem Durchmesser zwischen 0,001 und 0,04 mm (Ton: d < 0,002 mm). Ihre Hauptaufgabe ist die farbliche Gestaltung des Anstriches, sie erfüllen darüber hinaus aber noch weitere Aufgaben wie z.B. die Verbesserung der Abrieb- und Kratzfestigkeit oder der Verringerung der Schwindneigung.

Die Anwendung von Pigmenten ist u.a. von folgenden Eigenschaften abhängig:

- Beständigkeit gegenüber dem Bindemittel – die Pigmente dürfen durch das Bindemittel ihre Farbwirkung nicht verändern, sich nicht auflösen lassen, müssen benetzbar sein und sich im Bindemittel gut verteilen (z.B. Kalk bedarf kalkechter Pigmente).

- Beständigkeit gegenüber Lichteinwirkungen – lichtechte Pigmente verändern ihren Farbton unter Lichteinwirkung nicht, d.h. die Oberfläche bleicht nicht aus , vergilbt nicht und dunkelt nicht nach.

- Wetterbeständigkeit

- Deckvermögen

- Pigmentgröße – die Größe der Pigmentkörner beeinflußt den Deckungsgrad einer Farbe, auch der Bindemittelanteil wird von der Pigmentgröße mitbestimmt.

Zur Herstellung einer Lasur wird das Deckvermögen des Anstriches verringert (Abb. 6-2). Diese Verringerung kann mit Hilfe der Pigmente erreicht werden, wobei folgende

Eigenschaften von Bedeutung sind:

- Lichtbrechungsvermögen
- Größe der Pigmente
- Anzahl der Pigmente.

Lichtstrahlen

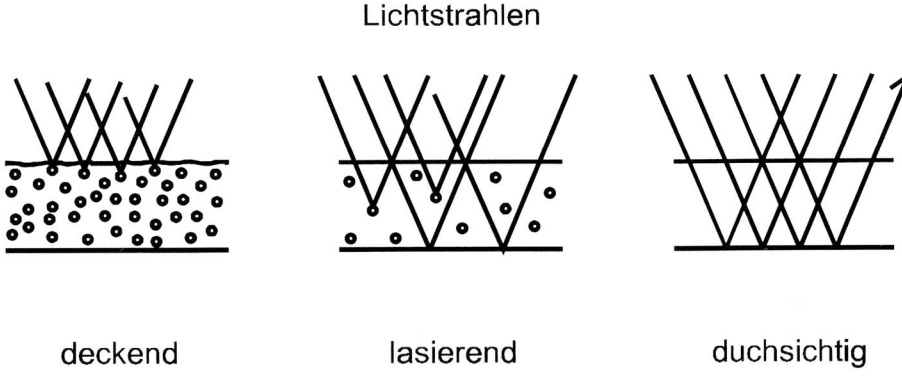

deckend   lasierend   duchsichtig

Abbildung 6-2   **Lichtdurchlässigkeit deckender, lasierender und durchsichtiger Beschichtungen (*Klopfer* in /2/)**

Klassische Lasurfarben werden im Gegensatz zu Fertiglasurfarben selber gemischt. Lasurfarben können mit geeigneten Pigmenten und mit fast allen, im weiteren angegebenen Bindemitteln hergestellt werden.

- Wasserlasurfarben – Leimfarben mit Stärke oder Celluloseleim, aber auch mit Milch, Bier und Essig
- Öllasuren – Ölfarben mit Leinölfirnis
- Lacklasuren – Spirituslacke oder Öllacke
- Wachslasuren – Wachsfirnis (Auflösung von Wachs in Firnis).

Herstellung von Pigmenten

Pigmente sind im Handel in Pulver- oder Pastenform erhältlich. Für die Verarbeitung wird das Pigmentpulver im Öl oder Wasser eingesumpft und anschließend mit dem Bindemittel (Leim, Kalk) vermischt. Natürliche anorganische Pigmente werden auf verschiedene Arten hergestellt. Ein anschauliches Verfahren ist die Herstellung von Lehmpigmenten. Dazu wird gesiebter Lehm in Wasser aufgeschlämmt, die schweren Teilchen setzen sich ab und die Suspension der Tonteilchen kann abgeschöpft und getrocknet werden. Das daraus resultierende Pigment wird dann entsprechend weiterverarbeitet.

Die industrielle Herstellung beinhaltet i.a. analoge technologische Schritte zum oben angeführten Beispiel:

- Abbau der Erde mit Hilfe von bergmännischen Verfahren

- Aufschlämmen und reinigen der Schlämme

- Absetzen

- Trocknen der Pigmente (evtl. Aufmahlen)

- Abfüllen.

Einige der Pigmente werden nach dem Aufmahlen noch gebrannt um eine Farbtonänderung zu erreichen. Tabelle 6-2 gibt einen Überblick über natürliche anorganische Pigmente, deren Farbe, chemische Zusammensetzung und Eigenschaften.

Tabelle 6-2 Farbe und chemische Zusammensetzung anorganischer Pigmente (/4/ und /5/)

Pigment	chemische Zusammensetzung	Anmerkung (Ölbedarf zur Streichfähigkeit in Gew.-%)
Weiß		
Kalk	Kalziumcarbonat	sehr gute Wetterbeständigkeit und Lichtechtheit, geringe Deckkraft; Ölbedarf = 35 %
Kreide	feinkörnige Meeresablagerung von Kalziumcarbonat	nur Leim als Bindemittel, sehr gute Lichtechtheit, geringe Wetterbeständigkeit, gute Deckkraft in Leim; Ölbedarf = 40 %
Ton	Hauptbestandteile sind Kieselsäure und Aluminium Kaolin (Aluminiumsilikat)	nur Leim als Bindemittel, sehr gute Lichtechtheit, geringe Wetterbeständigkeit, gute Deckkraft in Leim; Ölbedarf ≈ 45 %
Schwerspat (Baryt)	Verbindung von Schwefelsäure und Barium (Bariumsulfat)	für alle Bindemittel geeignet, sehr gute Wetterbeständigkeit und Lichtechtheit, geringe Deckkraft; Ölbedarf = 15 %
Gelb		
Ocker	Kieselsaures Aluminium, das durch Eisenoxydhydrat verschiedene Gelbfärbunen gibt (oft mit einem geringen Kalkanteil)	für alle Bindemittel, sehr gute Deckkraft, Wetterbeständigkeit und Lichtechtheit; Ölbedarf = 70 – 80 %
Rot		
Ital. Rot	entsteht durch Brennen von Ocker	für alle Bindemittel, sehr gute Deckkraft, Wetterbeständigkeit und Lichtechtheit; Ölbedarf = 70 – 80 %

Fortsetzung Tabelle 6-2

Braun		
Satinober	gleiche Bestandteile wie Ocker	für alle Bindemittel, sehr gute Deckkraft, Wetterbeständigkeit und Lichtechtheit
Umbra	Eisenoxyd und Manganoxyd, Zusätze von Ton	für alle Bindemittel, sehr gute Deckkraft, Wetterbeständigkeit und Lichtechtheit; Ölbedarf = 0 – 80 %
Grün		
Grünerde	gleiche Bestandteile wie Ocker mit Zusätzen von kieselsaurem Eisen und Kalk	nur für Leime, sehr gute Lichtechtheit, gute Wetterbeständigkeit aber mäßige Deckkraft; Ölbedarf = 70 – 80 %
Grau und schwarz		
Schieferschwarz	Kohlenstoff und kieselsaures Aluminium	für alle Bindemittel, sehr gute Deckkraft, Wetterbeständigkeit und Lichtechtheit
Schiefergrau	Kohlenstoff und kieselsaures Aluminium	für alle Bindemittel, sehr gute Lichtechtheit, gute Wetterbeständigkeit aber mäßige Deckkraft
Graphit	kristalliner Kohlenstoff, Zusätze von Ton und kieselsaurem Eisen	für alle Bindemittel, sehr gute Wetterbeständigkeit und Lichtechtheit aber mäßige Deckkraft; Ölbedarf = 60 %

Die natürlichen organischen Pigmente werden aus tierischen oder pflanzlichen Stoffen hergestellt. Dabei werden folgende Verfahrensschritte durchlaufen:

- Auslaugen der Farbstoffe z.B. durch Kochen oder Auspressen

- Zusetzen von Chemikalien und einer Farbunterlage zum Ausfällen der Pigmente.

Die Herstellung z.B. von Karminrot erfolgt aus dem verlackten roten Farbstoff der Cochenille-Schildlaus, die gezüchtet, gesammelt, getötet und getrocknet werden. Anschließend werden sie gekocht, wodurch sich der rote Farbstoff löst. Durch die Zugabe von Alaun und Ton wird der rote Farbstoff wasserunlöslich an den Ton gebunden, der dann das Pigment bildet.

Tabelle 6-3 zeigt einen Überblick über natürliche organische Pigmente, deren Farbe und Ausgangsstoffe.

Tabelle 6-3 Organische Pigmente, Farbe und Ausgangsstoffe (/5/)

Pigment	Ausgangsstoffe	Anmerkung
Gelb		
Schüttgelb	Saft der Kreuzbeere wird durch Verlackung auf Kreide niedergeschlagen	für Leim, gute Deckkraft, mäßige Wetterbeständigkeit und Lichtechtheit

Fortsetzung Tabelle 6-3

Rot		
Karminrot	Verlackter Farbstoff der Cochenille- Schildlaus	für alle Bindemittel, mäßige Deckkraft, schlechte Wetterbeständigkeit und Lichtechtheit – nicht in Kalk mischen
Krapplack	Wurzel der Krapppflanze	für alle Bindemittel, gute Lichtechtheit, geringe Wetterbeständigkeit und Deckkraft
Braun		
Kasseler Braun	Gemisch aus Braunkohle mit mineralischen Erden	für alle Bindemittel, geringe Lichtechtheit, Wetterbeständigkeit und Deckkraft – nicht kalkecht
Schwarz und Grau		
Rebenschwarz	Pflanzenkohle aus Weinreben die unter Luftabschluß verkohlt werden – Kohlenstoff und Kieselsäure	für alle Bindemittel, gute Lichtechtheit, Wetterbeständigkeit und Deckkraft
Beinschwarz	Verkohlung von Tierknochen – Kohlenstoff und phosphorsaurer Kalk	für alle Bindemittel, sehr gute Deckkraft, gute Lichtechtheit und Wetterbeständigkeit; Ölbedarf 50 %
Ruß	reiner Kohlenstoff durch Verbrennung von Kohlenwasserstoffverbindungen, man unterscheidet Gas-, Kien- Flammruß etc.	für alle Bindemittel, sehr gute Lichtechtheit, Wetterbeständigkeit und Deckkraft; Ölbedarf 90 %

6.2 Bindemittel

Bindemittel erfüllen bei Anstrichen und Beschichtungen zwei Aufgaben:

- Verbindung der Pigmente untereinander – durch Kohäsion
- Verbindung mit dem Untergrund – durch Adhäsion.

Dazu kommen weitere Anforderungen wie Wisch-, Wasch-, Abrieb- und Wetterbeständigkeit. Farbmittel und Bindemittel sind die nicht flüchtigen Anteile eines Anstrichstoffes.

Bindemittel werden entweder in anorganische- und organische Bindemittel oder praktisch nach der Verdünnbarkeit unterschieden:

- wasserverdünnbare Bindemittel – Kalk (gleichzeitig Farb- und Bindemittel), tierische und pflanzliche Leime, Wasserglas
- ölhältige oder fette Bindemittel – Leinöl, Leinölfirnis, Naturharze
- lösemittelhaltige Bindemittel – Terpentinersatz.

Hinweis:

Bei den Fetten (= Fettsäure + Glyzerin) unterscheidet man trocknende und nicht trocknende pflanzliche Fette. Seifen = Fett + Harze oder Wachse + Metalloxide (Salze) oder Metallhydroxide. Bei den Seifen unterscheidet man wasserlösliche Seifen (Seifen = Fett + Lauge) und wasserunlösliche Seifen (Seife = Fett + Metalloxide). Die Seifen werden nach den jeweiligen Säuren benannt (Ölsäure – Oleata, Leinölsäure – Linoleate). Harze sind glasartige- amorphe oder festflüssige Stoffe, die aus Harzsäuren, Harzalkoholen, Harzester und Kohlenwasserstoffen gemischt mit ätherischen Ölen (z.B. Terpentin) bestehen. Harze, die nach dem Austritt flüssig bleiben, werden als Balsam bezeichnet. Harze, die durch Verdunsten der Ätherischen Öle erhärten, werden Hartharze genannt. Harze sind z.B. Kolophonium, Mastix und Kopal. Wachse = Fettsäuren + höhere einwertige Alkohole.

Die Erhärtung des Bindemittels erfolgt durch Verdunsten, durch chemische Reaktionen mit dem Luftsauerstoff, durch chemische Reaktionen mehrerer Komponenten, die vor dem Anstrichauftrag vermischt werden oder durch eine Kombination verschiedener Mechanismen.

Wenn mehrere Anstrichschichten übereinander aufgebracht werden, ist auf die Schichtenfolge „weich über hart" zu achten. Werden „härtere" Anstriche auf „weichere" Schichten aufgebracht blättert der Anstrich ab.

6.2.1 Verdünnungsmittel

Verdünnungsmittel werden den Anstrichen beigegeben um die Verarbeitung zu erleichtern. Sie können Bindemittel ohne chemische Umsetzung in Lösung bringen. Meist sind es Flüssigkeiten, die aus einer oder mehreren Komponenten bestehen. Verdünnungsmittel verdunsten aus dem Anstrich und sollten möglichst wenig Rückstände im Anstrichfilm hinterlassen. Folgende Substanzen kommen bei den Naturfarben zur Anwendung:

- Terpentinöl oder Citrusschalenöl – Ölfarben mit Leinöl, Leinölfirnis, Standöl und Holzöl

- Alkohol (Spiritus) – Schellack.

Terpentinöl wird aus Harzen von Nadelbäumen (Kiefer, Fichte oder Lärche) gewonnen und besitzt eine unterschiedliche Zusammensetzung. Man unterscheidet Balsamterpentinöl, Wurzelterpentinöl, Sulfatterpentinöl und Kienöl. Für die praktische Anwendung ist Balsamterpentinöl am wichtigsten. Die Herstellung von Balsamterpentinöl erfolgt durch Wasserdampfdestillation der Harze. Dabei wird das Harz durch Verdampfung und anschließender Kondensation der Dämpfe zu Destillaten gereinigt und entmischt. Die Harze enthalten:

- 70 – 80 % feste Bestandteile: Harzsäuren – Kolophonium

- 20 – 30 % flüchtige Bestandteile: Terpenkohlenwasserstoff – Terpentinöl.

Terpentinöl – ein ätherisches Öl mit würzigem Geruch – ist hellgelb und dünnflüssig, es kann bei direktem Kontakt auf der Haut Reizungen bewirken.

Spiritus ist ein Alkohol und wird z.B. aus Kartoffeln oder Getreide durch Vergären und Destillation gewonnen.

6.3 Kalkanstriche und Kalkfarben

Kalkanstriche, Kalkfarben aber auch Kalk-Zementfarben werden als Anstriche für Putze, aber auch auf Natursteinen verwendet. Kalkfarben eignen sich für innen (auch Naßräume) und außen und sind bei richtiger Verarbeitung wischfest und wasserunlöslich.

Verwendet wird entweder eingesumpfter Weißkalk ($\geq$ 90 % $Ca(OH)_2$) oder in Gruben gelöschter Stückkalk (Weißkalk). Tabelle 6-4 gibt einen Überblick über die Zusammensetzung, Art der Erhärtung, Eigenschaften, mögliche Untergründe und Zusätze für Kalkanstrichen.

Tabelle 6-4 Kalkfarben und Anstriche

Zusammen-setzung der Kalkfarbe	Kalkanstrich → Weißkalk, Sumpfkalk und Wasser, evtl. Pigmente		
	Kalkfarbe → Weißkalk, Sumpfkalk, Wasser, Pigmente, Zusätze (Casein, Leinöl)		
Erhärtung	Die Erhärtung erfolgt durch Carbonatisierung, d.h. durch die Reaktion des Calciumhydroxids ($Ca(OH)_2$) mit dem CO_2 und der Feuchtigkeit der Luft zu Calciumcarbonat.		
	Bei der Zugabe von hydraulischem Kalk, Traß oder Zement erfolgt zusätzlich eine hydraulische Erhärtung.		
Eigenschaften	Feuchte- und wetterbeständig, gutes Diffusionsvermögen, stark basisch und daher pilztötend.		
	Unbeständig bei sauer reagierenden Luftverschmutzungen aufgrund der Säure-Base-Reaktion (z.B. So_2-Emissionen bei industriellen Abgasen).		
	Nicht lagerungsfähig Diffusionswiderstandszahl μ = 20 – 50		
Untergründe	Kalk- und Zementputze, evtl.Natursteine		
	Kalkfarben dürfen nicht auf Gips, Leimfarben und Ölfarben verwendet werden.		
	Kalkfarben halten nur bedingt auf Holz (z.B. durch Zugabe von Rinderblut, was aber nur bei dunklen Farben möglich ist).		
Schäden	Abblättern	Kalkfarbe zu dick	
	Flecken	keine kalkechten Pigmente, zu hoher Leinölzusatz, Ausblühungen des Zements	
	Abfärben	zu hoher Anteil an Pigmenten	
	Verfärbungen	Verwendung nicht kalkechter Pigmente, zu hoher Anteil an Leinöl	
Zusätze	Zement, hydraulische Zusätze, Eiweißhaltige Stoffe, Leinöl(firnis), Schmierseife, alkalienbeständige Leimlösungen		
Ökologie	Rohstoffe	mineralisch in ausreichenden Mengen	+
	Herstellung	Abbau, Aufbereitung, Brennen und Löschen des Kalks (30 % Pulverkalk), Mahlen und Sichten, Löschen (60 % Sumpfkalk)	0
	Verarbeitung	Kalkmilch und gelöschter Kalk haben ätzende Wirkung	0
	Verwendung	keine gesundheitlichen Auswirkungen bekannt	+
	Entsorgung	erhärteter Kalk entspricht dem Calciumcarbonat in der Natur	+

Aufgrund der Basizität des Kalkes fehlt schädlichen Mikroorganismen, Bakterien und Sporen, daß für sie erforderliche leicht saure Medium, d.h. unabhängig von der Feuchte bilden sich auf Kalkanstrichen keine Schimmelpilze.

Mischung von Kalkanstrichen und -farben

Der Kalk dient bei Kalkanstrichen sowohl als Bindemittel als auch als Farbmittel. Kalk besitzt jedoch nur eine beschränkte Bindekraft, es darf daher bei Kalkfarben nur 5 – 10 % Farbe beigegeben werden, um noch einen wischfesten Anstrich herzustellen. Eine Verbesserung der Bindefähigkeit z.B. durch Zugabe von Leinölfirnis ist in solchen Fällen günstig. Um eine Fleckenbildung zu vermeiden müssen die beigegebenen Pigmente kalkecht sein. Kalkanstriche sind nicht lagerungsfähig.

Tabelle 6-5 gibt einen Überblick über Mischungsverhältnisse von Kalkanstrichen und -farben bezogen auf 10 Liter Farbe.

Tabelle 6-5 Mischungsverhältnisse für Kalkanstrich und -farben in Raumteilen für 10 Liter fertiger Farbe

Wasser	Kalkhydrat (Pulver)	Pigment	Leinöl(firnis)	Casein	Zement
6,5 – 8	2 – 3,5				
6,5 – 8	2 – 3,5	0 – 1 (≤ 10%)			
6,5 – 8	2 – 3,5		0 – 0,5 (≤ 5 %)		
6,5 – 8	2 – 3,5		0 – 0,5 (ca. 3 – 4 EL[1])	0 – 0,5 (≤ 10 %)	
5	2				3 (< 30 %)
[1] EL = Eßlöffel auf 10 Liter Farbe					

Beispiel für eine praktische Mischung:

- *Grundanstrich:* 2 Teile Kalkbrei, 5 Teile Wasser, 0,35 Teile Magermilch, auf je 10 Liter Kalkmilch 3 bis 4 Eßlöffel Leinöl (Leinöl in den noch wenig verdünnten Sumpfkalk einrühren und anschließend weiter verdünnen)

- *Deckanstrich:* weiß: gleiche Mischung wie beim Grundanstrich und einige Löffel Kreide; farbig: 2 Teile Kalk, 3 Teile Wasser, Leinöl, 0,35 Teile Magermilch, Pigment in Wasser angerührt

- *Schlußanstrich:* gleiche Mischung ohne Firnis.

Tabelle 6-6 gibt eine Übersicht über Zusätze und deren Eigenschaften für Kalkfarben.

Tabelle 6-6 Zusätze zur Verbesserung der Eigenschaften von Kalkfarben (*Schönburg* /6/)

Mineralische Zusätze			
Zement	C_3S, C_2S, C_3A	≤ 30 %	Erhöhung der Festigkeit
Hydraulische Zuschläge (Traß, Tonerde)	SiO_2, Al_2O_3		Erhöhung der Festigkeit
Eiweißhaltige Stoffe			
Magermilch	Kuhmilch ist caseinhaltig und bildet schwer oder nicht wasserlösliche Verbindungen	≤ 30 %	Erhöhung der Abriebfestigkeit und der Wasser- und Witterungsbeständigkeit
Casein (Topfen)	Casein gehört zur Gruppe der Phosphorproteiden (0,7 % H_3PO_4)	≤ 10 %	Erhöhung der Festigkeit
Tierblut	Tierblut ist Proteinhaltig (z.B. Serumalbumin ca.50% des Blutserums)	≤ 10 %	Erhöhung der Festigkeit
Hühnereiweiß	Das Eialbumin ist ein Hauptbestandteil des Eiklars	≤ 10 %	Erhöhung der Festigkeit
Fette			
Leinöl	Bildung von Kalkseife	≤ 5 %	Verbesserung der Streichfähigkeit (besseres Verlaufen der Farbe)
Seifen			
Schmierseife	Aufspaltung der Seife in Fettsäure und Calziumhydrat → Kalkseife und Kalilauge und Kohlendioxid → Kaliumcarbonat	≤ 5 %	porenfüllend, festigend
Leime			
Zelluloseleim	$(C_6H_{10}O_5)_n$	≤ 2 %	Verbesserung der Wischfestigkeit

Verarbeitung

Wegen ihrer Schwindneigung dürfen Kalkfarben nur dünn aufgestrichen werden, da beim Abbinden leicht Risse entstehen.

Für die Verarbeitung gilt: Kalk hält nicht auf Ölfarben, Leimfarben und Gips, bei Verarbeitung auf alten Kalkanstrichen muß vorgenäßt werden. Im Regelfall sind mindestens 3 Anstriche erforderlich, wobei der erste Anstrich möglichst dünn sein sollte. Die weiteren Anstriche erfolgen jeweils in gekreuzter Richtung, wobei der letzte Anstrich (wegen möglicher Schattenwirkungen) auf der Wand senkrecht, an der Decke normal zu den Fenstern erfolgen sollte. Zu dicke Kalkanstriche blättern ab. Kalkanstriche sollten langsam trocknen (Fenster schließen), und müssen vor dem nächsten Anstrich vollkommen ausgetrocknet sein. Fassaden müssen immer im Schatten gestrichen werden.

Zementfarben

Zementfarben bestehen aus einer Mischung von Zement, Füllstoffen und Pigmenten in Wasser. Vorzugsweise werden Weißzemente verwendet. Zementfarben erhärten wie normale Zemente durch die Bildung von CSH-Phasen (Calcium-Silicat-Hydrat).

Um die Gefahr von Schwindrissen zu verringern, ist ein Zusatz von Kalkhydrat zweckmäßig, d.h. die Verwendung von Kalkzementfarben. Die verwendeten Pigmente müssen kalkecht und lichtecht sein, und dürfen die Festigkeit des Zements nicht herabsetzen.

Zementfarben haben ein ähnliches Anwendungsgebiet wie Kalkfarbanstriche. Sie eignen sich auch für Unterwasseranstriche, Feucht-, Naß- und Kühlräume.

6.4 Leimfarben

Natürliche Leimfarben bestehen aus Pigmenten, Füllstoffen und einer Leimlösung als Bindemittel. Als Rohstoffe zur Herstellung des Leims kommen entweder tierische (Knochen, Leder, Haut, Casein) oder pflanzliche Stoffe (Stärkeleim z.B. aus Kartoffelstärke, Zelluloseleim z.B. Zellulosefasern von Nadelhölzern) zur Anwendung. Leim quillt bei Wasseraufnahme, erhärtet aber nach dem Trocknen vollständig. Die Bindung der Teilchen erfolgt dadurch, daß der aufgequollene Leim die Pigmente bei der Trocknung an sich zieht und sie dabei aneinander (Kohäsion) und an den Untergrund (Adhäsion) bindet. Durch den Trocknungsvorgang entstehen Oberflächenspannungen, die einerseits klein genug gehalten werden müssen damit der Anstrichfilm nicht reißt oder abblättert (überleimte Farben), andererseits müssen sie groß genug sein um die dauerhafte Bindung der Teilchen zu ermöglichen. Da Leime wasserlöslich sind, dürfen sie nur im Inneren von Bauwerken verwendet werden. Tabelle 6-7 bis Tabelle 6-10 geben eine Übersicht über Leime tierischer und pflanzlicher Herkunft.

Tabelle 6-7 Leimfarben mit Leimen tierischer Herkunft

Knochen, Haut und Lederleim der Sorten: Tafelleim, Perlleim, Schuppenleim, Flockenleim	
Zusammensetzung	Kolloide Substanz des bei Säugetieren am verbreitetsten Bindegewebsprotein Kollagen. Herstellung durch Auskochen von Knochen, Häuten, Fischgräten, Lederresten
Eigenschaften	Hautleim: hell (gelblich) Knochenleim: gelbbraun Lederleim: dunkelbraun nicht wasser- und wetterbeständig, neigen bei Feuchte zum Faulen, nicht kalkfest, aber mit allen Pigmenten verträglich die Herstellung der Leimfarbe ist aufwendig (warme Verarbeitung), die Farbe besitzt jedoch eine hohe Bindekraft Anwendung für Abschlußlinien Diffusionswiderstandszahl: 80 – 150 Vergilbungstemperatur (Celluloseleim): 200 °C

Fortsetzung Tabelle 6-7

Untergrund	Kalk- Gipsputze max. ein Leimfarbenanstrich, wenn dieser gut haftet, sonst entfernen Kalkfarbenanstriche Ölfarbenanstriche Tapeten		
Schäden	Abblättern	zu hoher Leimanteil, zu viele Anstrichschichten übereinander	
	Abfärben	zu geringer Leimanteil	
Zusätze	Kreide als Füllstoff		
Ökologie	Rohstoffe	nachwachsend	+
	Herstellung[13]	reinigen und brechen der Knochen, entfetten, kochen, abfüllen in die Gießwanne, trocknen, verpacken	0
	Verarbeitung	keine gesundheitsschädliche Wirkung bekannt	+
	Verwendung	keine gesundheitsschädliche Wirkung bekannt	+
	Entsorgung	keine negativen Umweltauswirkungen bekannt	+

Tabelle 6-8 Caseinleim

Caseinleim als Kalkcasein (Kaltleim), Alkalicasein (Malercasein)	
Zusammensetzung	Casein gehört zur Gruppe der Phosphorproteide, das in der Kuhmilch als Calziumsalz vorkommt. Es enthält außerdem noch Fette, Salze, Milchsäure und Kalzium. Die Aufschließung des Caseins erfolgt mit Kalk oder Alkalien (Salmiak, Borax oder Soda). *Kalkcasein:* 10 Teile Topfen werden mit einem Teil Kalk (Kalkhydrat) verrührt. Durch die Aufschließung wird das Casein wasserlöslich. Nach dem Trocknen ist das Casein wieder wasserunlöslich. Kalkcaseine sind daher nur mit kalkechten Pigmenten mischbar. *Alkalicasein:* Casein wird mit Salmiak, Borax oder Soda versetzt. Es bleibt auch nach dem Trocknen wasserlöslich.
Eigenschaften	*Kalkcasein*, Kaltleim ist in trockenem Zustand wasserunlöslich und basisch, nur für kalkechte Pigmente geeignet. Die Verarbeitung ist gut, muß aber rasch verarbeitet werden, da es sonst hart wird, die Trocknung erfolgt durch Verdunsten des Wassers, besitzt eine hohe Bindekraft Kalkcasein wird für Dekorationsmalerei bei Hausfassaden verwendet. *Alkalicasein*, Malercasein ist wasserlöslich, aber wasserfester als andere Leimfarbenanstriche und wird für Restaurierungsarbeiten und Innenanstriche verwendet. Die Erhärtung erfolgt durch Trocknung, aber auch durch die Reaktion mit dem Kalk des Untergrundes. Auf frischen Kalkputzen wetterbeständige Außenanstriche, weil sich hier wasserbeständiges Kalkalbuminat (wasserlösliche Eiweißstoffe mit niedrigem Molekulargewicht) bildet (wasserfester als andere Leimfarbenanstriche). Verwendung: Gesundheitliche Auswirkungen durch Kalkcaseinfarben sind nicht bekannt. Casein ist ungiftig, Probleme beim Recycling oder der Deponierung treten nicht auf

---

[13] Die Herstellung von tierischen Leimen erfolgt durch Hydrolyse der Faserproteine (Kollagen) der Ausgangsprodukte (Haut, Knochen, Leder). Das resultierende Glutin, ein löslicher Eiweißstoff, ist eine kolloide Substanz, d.h. eine scheinbare Lösung, in der Teilchen zwischen 0,001 µm und 0,1 µm enthalten sind.

Fortsetzung Tabelle 6-8

Untergründe	Kalk-, Zement, Kalk-Zementputze und Lehmputze		
Schäden			.
Ökologie	Rohstoffe	nachwachsend bzw. abiotisch endlich	+
	Herstellung	Kalk brennen, Casein Aufschließung	0
	Verarbeitung	keine gesundheitsschädliche Wirkung bekannt	0
	Verwendung	keine gesundheitsschädliche Wirkung bekannt	+
	Entsorgung	keine negativen Umweltauswirkungen bekannt	+

Tabelle 6-9 Leime pflanzlicher Herkunft

Stärkeleim (Kleister, Sichelleim)			
Zusammensetzung	aufgeschlossene Stärke (α-Glucose) die im Nährgewebe der Samen, in Knollen und Früchten vorhanden ist (z.B. Erdäpfel, Mais), oft mit Zusatz von Harzseifen. Die Herstellung erfolgt durch Aufschluß von Kartoffelstärke mit Natronlauge. Außerdem werden Zusätze gegen die Fäulnisbildung und verseiftes Harz beigegeben.		
Eigenschaften	geringe Quellfähigkeit, Saugfähigkeit und Bindekraft, nicht wetterbeständig, schwach alkalisch schwer vom Untergrund zu entfernen (gute Porenfüllung) mit allen Pigmenten verträglich, nicht kalkbeständig, Verwendung: Innenanstriche		
Untergründe	Kalk-, Gipsputze max. ein Leimfarbenanstrich, wenn dieser gut haftet, sonst entfernen Kalkfarbenanstriche Ölfarbenanstriche Tapeten		
Schäden	Streifenbildung		schlechter Verlauf der Farbe
	Abfärben		Nachlassen der Bindekraft
Ökologie	Rohstoffe	nachwachsend	+
	Herstellung	Anbau und Anlieferung von Erdäpfeln, Zerkleinern (reiben), Auswaschen der Stärke, Trocknen, Zusatz von Harzen, Lauge und Konservierungsmittel, rühren, Abfüllen	+
	Verarbeitung	keine gesundheitsschädliche Wirkung bekannt	+
	Verwendung	keine gesundheitsschädliche Wirkung bekannt	+
	Entsorgung	keine negativen Umweltauswirkungen bekannt	+

Tabelle 6-10 Celluloseleim

Celluloseleim (Cellulose-Äther) der Sorten Methylcellulose, Celluloseglycolate			
Zusammensetzung	Celluloseherstellung durch chemische Umwandlung des Fichtenholzzellstoffes Methylcellulose: Umsetzung von Alkalicellulose mit Chlormethyl Celluloseglycolat: Umsetzung von Alkalicellulose mit Chloressigsäure		
Eigenschaften	*Methylcellulose*: kalkbeständig mit anderen wäßrigen Bindemitteln verträglich emulgierbar mit Ölen und Öllacken nicht wasser- und wetterfest (abwaschbar) größere Deckkraft als Kalkfarbenanstriche Anstrichfilm ist farblos und elastisch geringe Haltbarkeit Verwendung: wichtigstes Bindemittel für Leimfarben, für Innenanstriche *Celluloseglycolat:* ähnliche Eigenschaften wie Methylcellulose, jedoch nicht kalkbeständig		
Untergrund	Kalk-, Gipsputze max. ein Leimfarbenanstrich, wenn dieser gut haftet, sonst entfernen Kalkfarbenanstriche Ölfarbenanstriche Tapeten		
Schäden	Abfärben	Nachlassen der Bindekraft	
Ökologie	Rohstoffe	nachwachsend	+
	Herstellung[14]	Bepflanzung und Anlieferung von Holz, Zerkleinern, Kochen mit Natronlauge, Zwischenprodukt – Natriumcellulose, Verätherung mit Chlormethyl unter Energiezufuhr, Abfüllen	0
	Verarbeitung	keine gesundheitsschädliche Wirkung bekannt	+
	Verwendung	keine gesundheitsschädliche Wirkung bekannt	+
	Entsorgung	keine Probleme bekannt	+

6.4.1 Mischung von Leimfarben

Leimfarben setzen sich zusammen aus:

- Leim als Bindemittel

- Wasser als Verdünnungsmittel

- Kreide als Füllstoff oder Farbmittel

- Pigmente als Farbmittel.

---

[14] Hauptbestandteil von Celluloseleim ist Zellstoff von Nadelhölzern. Der Zellstoff wird unter Druck (8 bis 11 bar) mit Natronlauge aus dem zerkleinerten Nadelholz ausgelaugt und die auf diese Weise entstandene wasserunlösliche Alkalicellulose wird mit Aufschließungsmittel (Chlormethyl) wasserlöslich gemacht.

Die Herstellung von Leimfarben erfolgt in drei Schritten:

- Herstellung der Leimlösungen für Vor- und Deckanstrich und Einsumpfen der Kreide (Tabelle 6-11)

- Mischen der Leimlösung für den Voranstrich mit einem Teil der eingesumpften Kreide

- Abtönen mit eingesumpften Pigmenten in die eingesumpfte Kreide und Mischen mit der Leimlösung (Ableimen) für den Deckanstrich.

Tabelle 6-11 Vorarbeiten zur Leimfarbenherstellung mit Sichelleim

	Wasser	Leim	Kreide
	Teile	Teile	Teile
Leim für Voranstrich	50	1	
Leim für Deckanstrich	24	1	
Einsumpfen der Kreide	1		1

Für die Weiterverarbeitung wird von der eingesumpften Kreide das überschüssige Wasser abgegossen. Beim Grundieranstrich wird der Leim für den Voranstrich mit einem Teil der eingesumpften Kreide gemischt (Verhältnis 1 : 1). Für den Deckanstrich wird zuerst die eingesumpfte Kreide mit dem eingesumpften Farbmittel abgemischt. Nachdem der gewünschte Farbton erreicht wurde, wird der farbige Kreidesumpf mit dem Leim für den Deckanstrich verrührt (Verhältnis 1 : 1).

6.4.2 Verarbeitung

Leimfarben decken im allgemeinen gut, daher sind bei hellem Untergrund oft ein Grundieranstrich und ein Deckanstrich ausreichend. Bei sehr porigem Untergrund ist eine Vorbehandlung mit einer dünnen Leimlösung oder Vorseifen mit 1 – 2 %iger Schmierseifenlösung fallweise sehr günstig.

Leimfarben können auf die verschiedensten Untergründe aufgetragen werden:

- Leimfarbenanstriche: gut haltbare, nicht wischbare Leimfarbenanstriche können als Untergrund verwendet werden. Ist bereits mehr als ein Leimfarbenanstrich aufgetragen, ist es günstiger, die Anstriche durch abwaschen oder abspachteln zu entfernen.

- Kalk- bzw. Gipsputz sollte vor dem Streichen mit Leimfarbe mit Alaunlösung (die Kalialaunlösung reagiert sauer, Mischung bei Normaltemperatur Alaun[15] zu Wasser 1 : 8) neutralisiert werden.

- Kalkfarben

---

[15] Bei 20 °C sind in 100g Wasser ca. 12g Alaunpulver löslich. Alaun (Kalium-Aluminium-Sulfat, $KAl(SO_4)_2 \cdot 12H_2O$) ist ein seit dem Altertum bekanntes Salz.

- Ölfarbenanstriche

- Dispersionsfarben

- Tapeten

- Holzfaserplatten.

Verrußte Decken können vor dem Leimanstrich mit Kalkmilch (1 bis 2 Anstriche) und Schmierseifenlösung vorbehandelt werden. Alte Ölanstriche (Ölfarbensockel) anschleifen und evtl. mit Magermilch vorbehandeln.

6.5 Wasserglas- und Silikatfarben

Wasserglasfarben sind selbstgemischte Farben, die meist aus Kali-Wasserglas (evtl. mit Anteilen von Natronwasserglas) und wasserglasbeständigen Pigmenten hergestellt werden.

Silikatfarben[16] sind Fertigfabrikate aus Kaliwasserglas und Pigmenten. Kalium- und Natriumsilikat werden als Wasserglas bezeichnet, das aus:

- Sand und Pottasche (Kaliwasserglas oder kieselsaures Kalium)

- Quarzsand und Soda (Natronwasserglas oder kieselsaures Natrium).

hergestellt wird. In Form der wässrigen Lösung ist es ein anorganisches (mineralisches) Bindemittel.

Die Bezeichnung Wasserglas beschreibt bereits den Werkstoff als ein wasserlösliches Glas. Die Erhärtung (Verkieselung) von Wasserglasfarben erfolgt durch die Reaktion des Wasserglasgels (Kaliumsilikat) mit dem Kohlendioxid der Luft nach der Gleichung:

$$K_2O \cdot (3\text{-}4)SiO_2 \cdot nH_2O + CO_2 \rightarrow (3\text{-}4)SiO_2 \cdot mH_2O + K_2CO_3 + (n\text{-}m)H_2O$$

$$\text{Wasserglasgel + Kohlendioxid} \rightarrow \text{Kieselsäuregel + Kaliumcarbonat + Wasser}$$

Das bei der Reaktion entstehende Kieselsäuregel enthält am Beginn einen großen Wasseranteil. Im Zuge der Trocknung entsteht eine amorphe Form des Kieselsäuregels. Daneben bildet sich aus dem Kalium das Kaliumcarbonat, das in feinst verteilter hygroskopischer Form vorliegt.

Für die Beständigkeit des Anstriches ist eine offenporige Struktur erforderlich damit die Verkieselung stattfinden kann. Tabelle 6-12 gibt eine Übersicht über Wasserglasfarben.

---

[16] Silikate sind Verbindungen der Kieselsäure (SiO_2) mit Metallen. Kieselsäure findet sich rein in Quarz und unrein als Sand.

Tabelle 6-12 Wasserglasfarben

	Wasserglas in Form von Kaliwasserglas und Natronwasserglas		
Zusammensetzung	entsteht durch Schmelzen von Quarzsand mit Soda oder Pottasche		
Eigenschaften	rasche und gute Erhärtung		
	witterungsbeständig, gut deckend mit matter Oberfläche, schwer zu entfernen		
	alkalisch, daher schwach schimmelhemmend, flammhemmend		
	nicht unter 5 °C zu verarbeiten		
	zur Anwendung kommen Wasserglasfarben oft im Außenbereich und als Feuerschutzmittel		
	Diffusionswiderstandszahl (abhängig vom Pigmentanteil): 100 – 500		
Untergründe	Zement und Kalkputze, Ziegel, Holz, Natursteine, Glas, Papier, Pappe, Jute, Leinen, Zinkbleche, Wasserglasbehandelte Oberflächen		
	Ungeeignet sind Wasserglasfarben für stark durchlässige Untergründe Kalk- und Leimanstriche, Gipsputze, Ölfarben, Lackanstriche		
Schäden	Abblättern	auf gehobeltem Holz infolge der schlechten Bindung	
	Glanz nach dem zweiten Anstrich	zu hoher Wasserglasanteil	
	Abfärben	zu geringer Wasserglasanteil	
Ökologie	Rohstoffe	mineralisch ausreichend verfügbar	+
	Herstellung	Abbau von Sand, Herstellung von Pottasche[17], Holzkohlepulver, Schmelzen, Abkühlen, Mahlen, Eindampfen	0
	Verarbeitung	Wasserglas (alkalireiche Silikate) wirkt ätzend (Schutzbrillen erforderlich)	0
	Gebrauch	keine gesundheitsschädliche Wirkung bekannt	+
	Entsorgung	keine negativen Umweltauswirkungen bekannt	+

Mischung von Wasserglasfarben

Zur Herstellung von Wasserglasfarben wird Wasserglas mit Wasser und evtl. (kalkechte und lichtechte) Pigmenten gemischt. Meist sind zwei Anstriche ausreichend, wobei nur dem zweiten Pigmente beigegeben werden müssen. Für die Farbmischung wird erst das Pigment mit Wasser vermischt, und anschließend mit dem Wasserglas im Verhältnis Wasser : Wasserglas = 3 : 1 verrührt.

Verarbeitung

Wasserglasfarben müssen rasch verarbeitet werden, da sie relativ rasch erhärten. Sie sind in der Regel einige Stunden gebrauchsfähig. Zwischen dem Auftragen der zwei

---

[17] Pottasche ist eine alte Bezeichnung für Kaliumcarbonat, das früher durch Auslaugen von Pflanzenasche und anschließendem Eindampfen in Trögen („Potten") hergestellt wurde.

Anstrichschichten sollte zumindest ein Tag liegen um ein Austrocknen der ersten Schicht zu ermöglichen. Wasserglasfarben dürfen nicht unter 5 °C verarbeitet werden.

Ein zu hoher Anteil an Wasserglas in der Farbe zeigt sich durch eine glänzende Wirkung des Anstriches. Bei zu geringem Wasserglasanteil läßt sich die Farbe abwischen.

6.6 Ölfarben

Ölfarben bestehen aus trocknenden pflanzlichen Ölen und Pigmenten. Eventuell werden noch Terpentin als Verdünnungsmittel und Trocknungsmittel (Sikkative) beigegeben. Zu den trocknenden Ölen zählen z.B. Leinöl und Holzöl. Ölfarben ergeben einen gut haftenden und elastischen Film, benötigen jedoch zur besseren Wetterbeständigkeit die Zugabe von Standöl oder ähnlichem. Tabelle 6-13 gibt eine Übersicht über die Zusammensetzung und Eigenschaften von Ölfarben.

Tabelle 6-13 Ölfarben

		Ölfarben meist mit Leinölfirnis als Bindemittel	
Zusammensetzung		Pigmente und Leinölfirnis (Leinölsäure und Glyzerin, Trocknungsmittel)	
Eigenschaften		langsam trocknend[18], verseifen auf alkalischem Untergrund und sind abwaschbar, leicht verarbeitbar	
		wetterbeständig, alterungsbeständig	
		zur Anwendung kommen Ölfarben meist auf Holz und Metallen innen und außen	
Untergrund		für alle Untergründe geeignet, die nicht alkalisch reagieren	
Schäden	Farbe wird spröde (reißt)	zu hoher Anteil an Sikkativen	
	Farbe trocknet nicht	zu hoher Anteil an Sikkativen	
	Vergilben	zu hoher Anteil an Sikkativen	
Zusätze	Wachs	Wachsfirnisse	
	Standöl		
Ökologie Leinöl	Rohstoffe	nachwachsend	+
	Herstellung	warme oder kalte Pressung von Leinsamen, Reinigung (entschleimen, filtrieren, zentrifugieren und ablagern)	+
	Verarbeitung	keine gesundheitsschädliche Wirkung bekannt	+
	Gebrauch	keine gesundheitsschädliche Wirkung bekannt	+
	Entsorgung	keine negativen Umweltauswirkungen bekannt	+

---

[18] Die Trocknung erfolgt durch Oxydation und durch die Verharzung (Polymerisation) des Glyzerinesters der Leinölsäure ($C_{18}H_{32}O_2$), der in das zähfeste Linoxyn übergeht. Getrocknet bildet Leinöl eine durchsichtige harzartige Masse.

Herstellung von Ölfarben

Öle werden aufgrund ihrer Eigenschaft an der Luft ihre Konsistenz zu verändern in drei Gruppen eingeteilt:

- nicht trocknende Öle: Olivenöl, Sesamöl

- halb trocknende Öle: Sonnenblumenöl, Sojaöl

- trocknende Öle: Leinöl, Holzöl, Hanföl, Mohnöl.

Für die Ölfarbenherstellung werden vorwiegend trocknende Öle verwendet.

Leinöl wird aus den Samen von Flachs (Lein) warm oder kalt gepreßt. Die Ausbeute an Leinöl liegt bei ca. 20 bis 28 %. Kalt gepreßtes Öl ist ganz hell, fast farblos. Die warme Pressung liefert ein goldgelbes Öl, daß im Alter dunkler wird. Anschließend wird das Öl gereinigt (entschleimt durch Filtrieren, Zentrifugieren oder Ablagern). Das Öl hat einen charakteristischen Geruch und schmeckt unangenehm.

Leinöl kann durch zusätzliche Behandlungen bei der Herstellung in seinen Eigenschaften verbessert werden, z.B. bewirkt das Durchblasen von Luft bis 120 °C („geblasenes Leinöl") eine Voroxydation und damit später eine bessere Trocknung.

Die Vorteile von Leinöl sind die gute Beständigkeit bei kalten und warmen Temperaturen, die gute Mischbarkeit mit Pigmenten und Harzen, die gute Verarbeitbarkreit (Trocknungsdauer ca. 3 bis 8 Tage). Nachteilig wirkt sich aus, daß Leinöl auch nach dem Trocknen leicht klebrig und nicht wetterbeständig ist und im Dunklen vergilbt.

Standöle werden nicht direkt als Bindemittel verwendet, sondern dienen als Zusatzmittel zur Verbesserung der Wetterbeständigkeit eines Anstriches. Standöle sind eingedickte, trocknende Öle (Leinöl). Die Eindickung kann durch längeres stehen (= Standöl) oder durch Erhitzen (Leinöl-Standöl ca. 300 °C) unter Luftabschluß erreicht werden. Der Zusatz von Standöl zu Ölfarbenanstrichen liegt bei ca. 10 %.

Die Eigenschaften von Standölen können in gleicher Art wie beim Leinöl verbessert werden. So wird z.B. zur Herstellung von Bisöl dem Standöl während des Kochens Luft eingeblasen.

Leinölfirnis (Leinölfirnis = Leinöl + Sikkative (miteinander verkocht)) ist das wichtigste Bindemittel für Ölfarben. Leinölfirnis wird aus Leinöl hergestellt, dem zur besseren Trocknung Sikkative (2 % – 5 %) zugesetzt werden. Die Mischung sollte vorzugsweise im warmen (ca. 150 °C) Zustand erfolgen. Durch die Zugabe der Trockenstoffe verringert sich die Trocknungszeit, und sollte nach 12 bis 24 Stunden abgeschlossen sein.

Sikkative sind Trockenstoffe in gelöster Form (in Terpentinöl oder Testbenzin), die die Trocknungsfähigkeit trocknender Öle wie z.B. des Leinöls verbessern. Sikkative sind wasserunlösliche Seifen, d.h. Verbindungen von Fetten oder Wachsen mit Metallen oder Metalloxiden[19]. Zur Herstellung von Trockenstoffen werden Metallsalze (Blei-, Kobalt- und

---

[19] wasserlösliche Seife: Verseifung eines Fettes mit einer Lauge, Fett + Natronlauge = Natron-oder Kernseife

Mangansalze) ungesättigter Fett- und Harzsäuren verwendet. Die Herstellung erfolgt z.B. durch Vermischen von Blei-, Mangan- oder Kobaltoxiden zu einer Paste und gemeinsamen Kochen mit Leinöl oder Harzschmelze. Die nach dem Erkalten feste Masse wird mit ca. 50 % Terpentinöl oder Testbenzin zum Sikkativ gelöst.

Holzöl wird aus den Früchten des Holzölbaumes (Tungölbaumes) hergestellt, der seine Heimat in Asien hat. Die Früchte sind nußartig, werden ausgelöst, und in der gleichen Art wie Leinöl auf kalte oder warme Verfahrensweise gepreßt. Holzöl ist ein dickes braunes Öl, das selten alleine als Bindemittel verwendet wird. Meist wird es als Zusatz zusammen mit Leinöl zur Herstellung von harten und gut wasserabweisenden Öllacken oder Harttrockenölen verwendet. Harttrockenöle setzen sich meist aus Holzöl, Harz und Sikkativen zusammen, und können Ölfarben zwecks schnellerer Trocknung zugegeben werden.

Mischung

Zur Herstellung der Ölfarbe werden die Pigmente mit Leinölfirnis, und je nach Fettgehalt mit Terpentin vermischt. Der Anteil des Leinölfirnisses ist von der Art des Pigmentes abhängig. Für die Anwendung unterscheidet man Ölfarben nach ihrem Fettigkeitsgrad, wobei die Mischungsverhältnisse von Tabelle 6-14 als Richtwerte verwendet werden können.

Tabelle 6-14 Bezeichnung und Mischung von Ölfarben /10/

halbmagere Ölfarbe:	Ölpaste	1 Teil Leinölfirnis	2 Teile Terpentin
halbfette Ölfarbe:	Ölpaste	1 Teil Leinölfirnis	1 Teil Terpentin
dreiviertelfette Ölfarbe:	Ölpaste	2 Teile Leinölfirnis	1 Teil Terpentin
vollfette Ölfarbe:	Ölpaste	Leinölfirnis	0 Teile Terpentin

Verarbeitung

Ölanstriche sind für fast alle Untergründe geeignet, die chemisch neutral sind. Alkalische Untergründe verseifen und müssen vorher neutralisiert werden. Ölanstriche müssen sehr dünn aufgetragen werden, dick aufgetragene Ölanstriche bilden Runzeln.

Tabelle 6-15 gibt Anstrichaufbauten für den Erstanstrich und Neuanstriche für innen und außen auf Holzoberflächen an.

Tabelle 6-15 Anstrichaufbauten für Ölfarben auf Holz /10/

	Innen		Außen	
	Erstanstrich	Erneuerung	Erstanstrich	Erneuerung
Vorbehandlung	–	abbeizen, aufrauhen	Imprägnierung	abbeizen, aufrauhen
Grundierung	¾ fett bei Weichholz ½ fett bei Hartholz	¾ fett, wenn der Altanstrich entfernt wurde	¾ fett	¾ fett, wenn der Altanstrich entfernt wurde
1. Deckanstrich	½ fett in gewünschter Farbe	½ fett	½ fett in gewünschter Farbe	½ fett
2. Deckanstrich	½ fett in gewünschter Farbe (wenn erforderlich)	–	¾ fett	½ fett in gewünschter Farbe (wenn erforderlich)
Schlußanstrich	¾ fett	¾ fett	fett + 5 – 10 % Standöl	fett + 5 – 10 % Standöl

Ölfarbenanstriche auf Mauerflächen sind nicht sinnvoll, da Ölfarben den Diffusionsvorgang der Feuchte unterbinden. Bei Anstrichen auf Zement-Kalkputz sollte folgender Aufbau angewendet werden: Neutralisieren (bei Neuanstrichen), Voranstrich mit Firnis (bei Neuanstrichen), erster Anstrich weiß pigmentiert, Deckanstrich, Schlußanstrich für Neuanstriche.

Leinölfirnis wird mit einem Pinsel oder einem Tuch aufgetragen, wobei bereits trocknende Stellen möglichst nicht überstrichen werden sollten. Zu dick aufgetragener Firnis wird mit einem Leinentuch abgewischt, da solche Stellen leicht klebrig bleiben und durch Staub grau wirken. Vor einem weiteren Anstrich muß der Anstrich unbedingt vollkommen austrocknen. Die Trockungsdauer ist von der Temperatur und der Luftfeuchtigkeit abhängig.

Mit Leinölfirnis getränkte Tücher können sich selbst entzünden !

6.7 Lacke – Lackfarben

Als Lacke werden Anstriche die aus Filmbildner, Lösungsmittel, Bindemittel, evtl. Farbpigmenten und aus Zusätzen bestehen, bezeichnet. Der Filmbildner wird in einem Lösungsmittel gelöst. Unter Klarlacken werden unpigmentierte, unter Lackfarben pigmentierte Lacke verstanden. Die Filmbildner bestimmen die Eigenschaften des erhärteten Lacks, d.h. Härte, Glanz und Beständigkeit des Anstrichs. Als Filmbildner kommen die folgenden natürlichen Lackharze zur Anwendung:

- Kopale – versteinerte Harze fossiler Wälder

- Balsamharze – Harze die aus lebenden Nadelbäumen (Kolophonium, Dammarharz) oder Laubbäumen (Mastix, Elemi, Sandarak) gewonnen werden

- Schellack – weiterverarbeitete harzige Ausscheidung einer in Ost- und Hinterindien vorkommenden Blattlaus, die auf Zweigen verschiedener Bäume lebt.

Tabelle 6-16 gibt eine Übersicht über Inhaltsstoffe, Anwendung und Eigenschaften wichtiger Naturharzlacke.

Tabelle 6-16 Übersicht über wichtige Naturharzlacke

Öllacke			
Zusammensetzung	Harz (Kopal, Kolophonium), Terpentinöl, Pigmente, Trockenstoffe		
Eigenschaften	langsam trocknend		
	wetterbeständig, zähhart		
	wenig licht- und remperaturbeständig		
	nicht beständig gegen Säuren und Laugen		
	Zur Anwendung kommen Öllacke auf Holz und Metallen innen und außen		
Untergrund	für alle Untergründe geeignet die nicht alkalisch reagieren		
Zusätze	Wachs	Wachsfirnisse	
	Mattöl		
Ökologie Leinöl	Rohstoffe	nachwachsend	+
	Herstellung	Gemisch aus Harz, Terpentinöl, Pigment, Sikkative	+
	Verarbeitung	keine gesundheitsschädliche Wirkung bekannt	+
	Gebrauch	keine gesundheitsschädliche Wirkung bekannt	+
	Entsorgung	keine negativen Umweltauswirkungen bekannt	+

Tabelle 6-17 Eigenschaften von Spirituslack

Spirituslack[20]			
Zusammensetzung	Harze (Schellack, Kopal, Kolophonium), Spiritus, Pigment		
Eigenschaften	schnell trocknend, spröde, leicht verarbeitbar		
	wetterbeständig, alterungsbeständig		
	Zur Anwendung kommt Spirituslack als Isoliermittel, als Tischlerpolitur, als Instrumentenlack		
Untergrund	für alle Untergründe geeignet, die nicht alkalisch reagieren		
Schäden	weiße Flecken	Veränderung der Luftfeuchtigkeit	
Zusätze	Mattierungsmittel	Wachs in Terpentinöl gelöst, Talkum	
	Leinöl		
Ökologie	Rohstoffe	nachwachsend	+
	Herstellung	Gemisch aus Spiritus , Harzen und Pigmenten	+
	Verarbeitung	keine gesundheitsschädliche Wirkung bekannt	+
	Gebrauch	keine gesundheitsschädliche Wirkung bekannt	+
	Entsorgung	keine negativenUmweltauswirkungen bekannt	+

---

[20] Spiritus, Äthylalkohol, entsteht bei der alkoholischen Gärung aus Traubenzucker unter Einwirkung von Fermenten der Hefe. Als Grundstoff wird oft verzuckerte Stärke (Kartoffelstärke) verwendet. Dazu werden Erdäpfel mit Dampf (ca. 140 °C) behandelt um die Zellwände zu zerreißen, der auskühlende Brei mit Malz versetzt und vollständig verzuckert, mit Hefe vergoren und anschließend destilliert.

Naturharze sind gelbliche oder bräunliche Absonderungen von Pflanzen, die an der Luft meist in einen glasartig-, amorphen oder festflüssigen Zustand übergehen. Harze, die an der Luft in flüssigem Zustand bleiben, werden als Balsame, erhärtende Harze als Hartharze bezeichnet. Harze sind in Wasser unlöslich, in Alkohol, Äther u.a. löslich. Sie bestehen im wesentlichen aus Harzsäuren, Harzalkoholen, Harzestern und Kohlenwasserstoffen und ätherischen Ölen (z.B. Terpentinöl).

Neben den Harzen lebender Bäume werden auch fossile Harze (Kopal, Bernstein) zur Lackherstellung verwendet.

Kopal ist ein fossiles Harz, die genauere Benennung des Harzes erfolgt jeweils nach dem Fundort. Kopal-Harze werden entweder durch Graben im Erdreich gewonnen, teilweise sind sie an der Oberfläche zu finden und müssen nur eingesammelt werden.

Balsamharze sind Harze (Kolophonium[21], Dammarharz) lebender Bäume, die aus Nadelbäumen (Fichte, Dammarafichte) gewonnen werden.

Schellack ist ein Harz, das von verschiedenen ostindischen Bäumen (hauptsächlich *Ficus religiosa*) gewonnen wird. Schellack wird durch Lackschildläuse (*Coccus lacca*) in den jungen Trieben der Bäume erzeugt, wobei die beim Saugstich der Schildläuse ausgeschiedenen Flüssigkeiten die Säfte der Bäume zum Teil in Harze umsetzen, die dann als Kruste ausgeschieden werden. Die Kruste wird abgeschlagen bzw. abgekratzt und kommt als Stocklack in den Handel. Stocklack ist durch den Farbstoff des Insekts rot gefärbt (Rubin- oder Granatlack). Durch Zerkleinern, Auswaschen (Wasser), und Umschmelzen (Filtrierung) des Stocklacks erhält man gelbe, rote oder braune Schellacksorten. Sie kommen in Form von dünnen Blättern in den Handel (Tafel- oder Blätterlack). Hochwertiger Schellack ist glänzend, hell und durchsichtig. Trübe Schellacksorten enthalten oft zuviel Wachsstoffe.

Schellack ist ein relativ hartes Harz und wird für Spirituslack, Mattierungen, Polituren, Instrumentenlack und als Isoliermittel verwendet.

6.7.1 Naturharzöllacke

Naturharzöllacke werden aus Naturharzen (z.B. Kopal, Kolphonium, Dammar, Mastix, etc.), trocknenden Ölen (Leinöl, Standöl), Verdünnungsmitteln (Terpentinöl), Trockenstoffen und Pigmenten gemischt.

Naturharzöl-Imprägnierungen für Holz sind in ihrer Zusammensetzung den Naturharzöllacken ähnlich. Sie bestehen meist aus Leinöl, Harzen, Kräuterextrakten, ätherischen Ölen und Pigmenten und trocknen in ein 1 bis 2 Tagen. Für die Anwendung im Freien ist ein Pigmentanteil von 5 % erforderlich.

---

[21] Kolophonium – Das auslaufende Harz der Koniferen (z.B. Fichte) besteht zu ca. 2/3 aus Kolophonium und 1/3 Terpentinöl

Mischung

Öllacke werden, ähnlich wie Ölfarben, jedoch unter zusätzlicher Beimengung von Harzen, werksmäßig gemischt. Man unterscheidet sie in Abhängigkeit des Verhältnisses von Öl zum Harzanteil.

- Innenlacke: Harzanteil > Ölanteil, hart, aber nicht wetterbeständig, Verwendung z.B. als Möbellack

- Halbfette Lacke: Harzanteil = Ölanteil, nicht besonders wetterbeständig, oft mit Mattöl oder Wachs für matte oder seidenglänzende Möbellacke

- Außenlacke: Harzanteil < Ölanteil, hart, zäh, gut wetterbeständig, benötigen lange (2 bis 3 Tage) zum Trocknen.

Verarbeitung

Öllacke sind wasserabweisend, in Abhängigkeit vom Harzgehalt hart, und vermindern die Atmungsaktivität des Untergrundes. Sie werden für Holz- oder Metalloberflächen verwendet, können aber bei jedem neutralen Untergrund angewendet werden. Der Aufbau des Anstriches von Öllacken ist ähnlich wie bei Ölfarben. Im allgemeinen kann folgender Arbeitsablauf gewählt werden /10/:

Schleifen – Grundieren: ¾ fette Ölfarbe bei Weichholz, ½ fette Ölfarbe bei Hartholz – Schleifen – Spachteln mit Spachtelkitt – Schleifen – erste Lackierung mit Vorlack im endgültigen Farbton – zweite Lackierung mit Vorlack, wenn die erste Schicht nicht deckt – Schleifen – Schlußlackierung.

6.7.2 Spirituslack

Zur Herstellung von Spirituslack werden Harze in Spiritus gelöst. Von den Harzen eignet sich besonders Kopal, Kolophonium und Schellack zur Beimengung. Spirituslacke trocknen sehr schnell und sind mit Spiritus wieder löslich. Die Harze bilden einen spröden, harten und wenig wetterbeständigen Film.

Mischung

Spirituslack kann als Isolierung, Tischlerlack, Politur oder Instrumentenlack verwendet werden. In Tabelle 6-18 sind Mischungsverhältnisse für Spirituslacke angegeben.

Tabelle 6-18 Mischungsverhältnisse für Spirituslack

	Spiritus	Harz	Anmerkung
Isoliermittel	1 Liter	150 bis 200 g Schellack	zum Isolieren von Fett-, Rauch- und Wasserflecken etc. um das Durchschlagen durch folgende Anstriche zu verhindern.
Tischlerpolitur	2	1	Auftragen mit dem Politurballen
Spirituslack	10	1	evtl. 5 % Leinöl, als Instrumentenlack

Verarbeitung

Spirituslacke werden mit dem Pinsel aufgetragen. Polituren werden mit dem Politurballen (Stoffballen aus Leinen und Baumwolle) aufgetragen. Die Trocknungszeit liegt zwischen 20 bis 40 Minuten. Spirituslacke können durch Feuchtigkeit fleckigweiß anlaufen. Sie sind mit anderen Bindemitteln nicht verträglich.

6.8 Wachse

Wachse setzen sich aus Fettsäuren und höheren einwertigen Alkoholen zusammen. Wachse werden für folgende Anstrichmittel verwendet:

- Wachsfirnis – in Terpentinöl aufgelöstes Wachs

- Wachsmattlacke – Öllacke mit Beimengungen von Wachsfirnis

- Wachslasuren – Lasurfarben auf der Basis von Wachsfirnis

- Wachsbeizen – Wasserbeizen mit Wachsemulsion (Dispersion von Wachsseifen, die beim Schmelzen von Wachs mit Wasser und Alkalien wie z.B. Salmiak entsteht).

Wachs wird im Innenbereich für Holz als Oberflächenschutz und zum Nachbehandeln von Möbeln und Fußböden verwendet. Tabelle 6-19 zeigt eine Zusammenstellung der Eigenschaften von Wachsen.

Tabelle 6-19 Zusammensetzung und Eigenschaften von Wachs.

Wachs	
Zusammensetzung	Bienenwachs, Terpentinöl
Eigenschaften	porenfüllend, relativ dampfdicht
	Feuchteschutz aber kein Wasserschutz
	wenig temperaturbeständig, Schmelztemperatur 60 – 65 °C
	Zur Anwendung kommt Wachs als Schutz für Möbel und Fußböden
Untergrund	Holz unbehandelt, Leinölfirnis
Zusätze	härtere Wachsarten (z.B. Carnaubawachs), Terpentinöl

Fortsetzung Tabelle 6-19

Ökologie	Rohstoffe	regenerierbar	+
	Herstellung	Ausscheidungsprodukt des Stoffwechsels von Arbeiterbienen, das zum Bau der Waben verwendet wird.	+
	Verarbeitung	keine gesundheitsschädliche Wirkung bekannt	+
	Gebrauch	keine gesundheitsschädliche Wirkung bekannt	+
	Entsorgung	keine negativen Umweltauswirkungen bekannt	+

Mischung

In Tabelle 6-20 sind einige Mischungsverhältnisse für Wachse zusammengestellt.

Tabelle 6-20 Mischungsverhältnisse für Wachse

Wachsfirnis	Wachs : Firnis = 1:10
Wachslasur	Wachsfirnis : Terpentin = 2 : 1
	Wachs : Harz : Terpentin : Pigment = 1 : 1 : 7,5 : 0,5
Wachspolitur	0,45 kg Bienenwachs, 280 ml Terpentin, wenig Carnaubawachs gemeinsam Erhitzen und evtl. mit Ölfarbe oder Pigmenten färben

Verarbeitung

Holz wird geschliffen bevor man es mit Wachs behandelt und es evtl. mit Firnis gestrichen wird. Das Wachs wird mit einem Ballen, Wachsfirnis mit dem Pinsel aufgetragen. Gewachste Oberflächen trocknen nach ca. 1 bis 2 Tagen und werden anschließend mit einer Bürste geglänzt. Um den Glanz zu erhalten, ist ein regelmäßiges erneutes Bürsten erforderlich.

Wachs hat den Nachteil, daß bei einem Neuanstrich das alte Wachs sorgfältig entfernt werden muß, da keine weiteren Anstriche darauf haften.

6.9 Beizen

Beizen[22] werden nicht zu den Anstrichen gezählt, da sie keine Schichten an der Holzoberfläche bilden, sondern die Holzoberfläche färben. Beizen verdecken nicht wie andere Farben die Maserung, sondern heben sie hervor. Die entstehende Färbung von Beizen ist von der Saugfähigkeit des jeweiligen Holzes abhängig, da die Färbung – im Gegensatz zu chemischen Beizen – physikalisch durch Einlagerung der Färbestoffe in den Fasern des Holzes erfolgt. Nadelhölzer ergeben z.B. aufgrund des höheren Saugvermögens des

---

[22] Beizen werden auch als Rostschutz für Metalle verwendet, diese Art der Beizen soll hier nicht behandelt werden

Frühholzes ein Negativbild des Holzes, d.h. beim gebeizten Nadelholz erscheint das Frühholz dunkler als das Spätholz. Farbstoffbeizen (das sind nicht chemische Beizen) können sowohl mit Farbstoffen als Lösung, als auch mit Pigmenten als Dispersion hergestellt werden. Bei Beizen ist zu unterscheiden, ob es sich um lichtechte oder nicht lichtechte Beizen handelt, da die nicht lichtechten Beizen vergrauen oder vergilben können.

Man unterscheidet folgende Arten von Holzbeizen:

- wasserlösliche Beizen

- spirituslösliche Beizen

- Terpentinölbeizen

- Wachsbeizen.

In Tabelle 6-21 ist ein Überblick über die Eigenschaften und Zusammensetzung von Beizen zusammengestellt.

Tabelle 6-21 Übersicht über Zusammensetzung und Eigenschaften von Holzbeizen (*Sponsel* /4/)

Wasserlösliche Beizen	Pigmentpulver oder Farbstoffe, Wasser, evtl. mit Salmiakzusatz (ca. 25%)	lichtecht	Laubhölzer Salmiakgeist färbt gerbstoffhaltige Hölzer braun bis grau (anderer Farbton !)
Spiritusbeizen	Pigmentpulver oder Farbstoffe, Spiritus und Schellack im Verhältnis 4 : 1	Wegen der schnellen Trocknung für große Flächen problematisch, wenig lichtecht	Laub- und Nadelhölzer
Terpentinölbeize	Terpentinöl, Pigmentpulver oder Farbstoffe	nicht lichtecht einfach zu verarbeiten, dringen kaum in das Holz ein und stellen die Fasern nicht auf	vor allem Harthölzer
Wachsbeize	Wasserbeize mit Wachsseife oder Terpentinölbeize mit Wachslösung	ergeben eine zusätzliche Wachsschutzschicht die aufgebürstet werden muß	Nadelhölzer
Ökologie	Rohstoffe	je nach Beizenart	+
	Herstellung	entsprechend der Beizenart	+
	Verarbeitung	keine gesundheitsschädliche Wirkung bekannt	+
	Gebrauch	keine gesundheitsschädliche Wirkung bekannt	+
	Entsorgung	keine negativen Umweltauswirkungen bekannt	+

Für gebeizte Holzflächen ist, wenn es sich nicht um Wachsbeizen handelt, im allgemeinen eine Schutzlackierung notwendig.

Mischung

Holzbeizen werden üblicherweise in pulver- oder pastenform als Fertigprodukte im Handel angeboten. In Tabelle 6-22 sind Mischungsvorschläge für Holzbeizen zur eigenen Herstellung zusammengestellt.

Tabelle 6-22 Rezepte zum Ansetzen von Holzbeizen

Braun (Nuß)	100 Teile Wasser, 65 Teile Borax, 65 Teile Schellack, Zugabe von Kasseler Braun bis zum gewünschten Farbton
Mahagoni	auflösen von 30 g Drachenblut (rotfärbendes Harz aus den Früchten der Klimmpalme), 400 cm³ Spiritus, vor dem Auftragen weiter mit Spiritus verdünnen

Verarbeitung

Holzbeizen werden mit einem Pinsel oder einem Schwamm aufgetragen. Vor dem Beizen wird die Fläche geschliffen und anschließend mit einem Pinsel mit warmen Wasser eingelassen. Nach dem Trocknen (aufstellen der Fasern) wird erneut geschliffen. Anschließend wird die Beize aufgetragen, überschüssige Beize wird mit einem Tuch entfernt. Nach dem Trocknen kann die Fläche mit Firnis, Mattlack, Schellackpolitur oder Wachs überzogen werden. Bei der Verwendung von Wachsbeizen muß die Fläche lediglich aufgebürstet werden.

7 LITERATUR

Holz

/1/	Sachsse H.	Einheimische Nutzhölzer, Verlag Paul Parey Hamburg und Berlin 1984
/2/	Gayer S.	Die Holzarten und ihre Verwendung in der Technik, Fachbuchverlag GmbH Leipzig, 7. Auflage, 1954
/3/	Wagenführ R., Scheiber Chr.	Holzatlas 3. Auflage, VEB Fachbuchverlag Leipzig 1989
/4/	Hanausek	Technologie der Drechslerkunst
/5/	Kisser J.	Heimisches Holz, Österreichischer Bundesholzwirtschaftsrat 1020 Wien
/6/	Kollmann F.	Technologie des Holzes und der Holzwerkstoffe, Bd.1, 2. Auflage, Springer-Verlag Berlin 1951
/7/	Wesche K. H.	Baustoffe für tragende Bauteile, Band 4: Holz, Kunststoffe, 2. Auflage, Bauverlag GmbH Wiesbaden 1988
/8/	Krüger R.	Handbuch der Baustofflehre für Architekten, Ingenieure und Gewerbetreibende sowie für Schüler technischer Lehranstalten, A. Hartleben, Wien, Pest, Leipzig 1899
/9/	Niemz P.	Physik des Holzes und der Holzwerkstoffe, DRW Verlag Weinbrenner GmbH, Leinfelden-Echterdingen, 1993
/10/	Sell J.	Eigenschaften und Kenngrößen von Holzarten, Baufachverlag AG Zürich, 3. Auflage 1989
/11/	Siegl	Biogastechnologie, Hrsg. Akademie für Umwelt und Energie Laxenburg, Medieninhaber: NORKA-Verlag, Laxenburg 1995
/12/	Zwiener	Ökologisches Baustofflexikon, C.F. Müller Verlag GmbH. Heideberg, 1. Auflage 1994
/13/	Krapfenbauer, Sträussler	Bautabellen, 8. Auflage, Verlag Jugend und Volk, Wien 1988

Natursteine

/1/	Wimmenauer, W.	Petrographie der magmatischen und metamorphen Gesteine, Ferdinand Enke Verlag Stuttgart, 1. Auflage 1985
/2/	Wihr R.	Restaurierung von Steindenkmälern Callwey Verlag München, 2. Auflage, 1986
/3/	Sax	Bautechnologie und Bauökonomie, Band 1, Wien bey Anton Doll 1814
/4/	Rankine W.	Handbuch der Bauingenieurkunst, Lehmann und Wentzel, 1880
/5/	Wenger A.	Historischer Mauerwerksbau unter besonderer Berücksichtigung von Bauwerken in Salzburg, Diplomarbeit am Institut für Baustofflehre, Bauphysik und Brandschutz der TU-Wien, 1996
/6/	Schuhmann W.	Der neue BLV Minerlienführer, BLV Verlagsgesellschaft mbH. München, Wien, Zürich, 3. Auflage, 1991
/7/	Berhard F. u.a.	Der Steinmetz und Steinbildhauer G.D.W. Callwey GmbH & Co Verlag 1996
/8/	Titscher F.	Die Baukunde, Selbstverlag Franz Titscher, 1910
/9/	Schneider K.-J.	Bautabellen für Architekten Werner-Verlag 12. Auflage Düsseldorf 1996

Lehm

/1/	Schneider, Bruckner, Schwimann	Lehmbau für Architekten und Ingenieure, Werner-Verlag GmbH, Düsseldorf 1996
/2/	Niemeyer R.	Der Lehmbau, Ökobuch Verlag Staufen Nachdruck der Originalausgabe aus dem Jahr 1946

/3/	Bruckner A.	Bauen mit Lehm an Hand von Beispielen aus Österreich, Deutschland, Südtirol; Diplomarbeit am Institut für Baustofflehre, Bauphysik und Brandschutz der TU-Wien, 1996
/4/	Mandadijeva J.	Baustoffeigenschaften von Lehm, Diplomarbeit am Institut für Baustofflehre, Bauphysik und Brandschutz der TU-Wien, 1996
/5/	Simmer K.	Grundbau Teil 1 Bodenmechanische und erdstatische Berechnungen, 18. Auflage, B. G. Teubner Stuttgart 1987
/6/	Hugi H. u. a.	Regeln zum Bauen mit Lehm, Schweizer Ingeniur und ArchitektenVerein, SIA Zürich D 0111, 1994
/7/	Wagenbreth O.	Naturwissenschaftliches Grundwissen für Ingenieure des Bauwesens, Technische Gesteinskunde, 3. Auflage, VEB Verlag für Bauwesen Berlin 1979
/8/	Minke G.	Lehmbau - Handbuch, Der Baustoff Lehm und seine Anwendung, ökobuch Verlag, Staufen bei Freiburg 2. Auflage 1995
/9/	Danzmayer S.	Beitrag zur vergleichende Ökobilanzierung von Bauteilen, im besonderen von Lehm- und Ziegelwänden; Diplomarbeit am Institut für Baustofflehre, Bauphysik und Brandschutz der TU-Wien, 1996
/10/	Zapke W., Gerken D.	Der Primärenergeinhalt der Baukonstruktionen, Bauforschungsbericht; IRB Verlag F 2249; 1993
/11/	Volhard F.	Leichtlehmbau, Alter Baustoff – neue Technik, C.F. Müller Verlag GmbH, 5. Auflage 1995
/12/	Sieber H. G.	Baustoff Lehm, Verlag C.F. Müller GmbH Karlsruhe, 1988
/13/	Titscher F.	Die Baukunde, Selbstverlag F. Titscher Wien 1910
/14/	Sieber H.G.	Baustoff Lehm, Verlag C. F. Müller GmbH, Karlsruhe 1988
/15/	Hütte	Hütte, des Ingenieurs Taschenbuch, Band 3, Verlag Wilhelm Ernst und Sohn Berlin 22. Auflage, 1915

Literatur zu Dämmstoffen

/1/	Scholz W.	Baustoffkenntnis, 13. Auflage Werner-Verlag Düsseldorf 1995
/2/	Dolezal F.	Ökologische Untersuchungen von Naturdämmstoffen, Diplomarbeit am Intitut für Baustofflehre, Bauphysik und Brandschutz der TU-Wien, 1997
/3/	Schumann W.	Der neue BLV Steine- und Mineralienführer, 3. Auflage BLV 1991
/4/	Stegmann R.	Das große Baustofflexikon, Deutsche Verlagsanstalt Stuttgart Berlin 1941
/5/	Weibl Th. Stritz A.	Ökoinventare und Wirkungsbilanzen von Baumaterialien, ETH Zürich, ESU-Reihe Nr. 1/95
/6/	Zwiener G.	Ökologisches Baustofflexikon, C.F. Müller Verlag 1. Auflage 1994
/7/	Hänisch G.	Kork, Ökobuchverlag Staufen b. Freiburg 1990
/8/	Kohler N. Klingele M. u.a	Baustoffdaten – Ökoinventare, Institut für industrielle Bauproduktion (ifib), Universität Karlsruhe, Lehrstuhl Bauklimatik und Bauökologie, Hochschule für Architektur und Bauwesen Weimar, Institut für Energietechnik ETH-Zürich, Holliger Energie Bern, Karlsruhe, Weimar, Türich 1995
/9/	Danzmayer S.	Beitrag zur vergleichenden Ökobilanzierung von Bauteilen, im besonderen von Lehm- und Ziegelaußenwänden, Diplomarbeit am Institut für Baustofflehre, Bauphysik und Brandschutz der TU-Wien, 1996
/10/		Brockhaus der Naturwissenschaften und Technik, Verlag Eberhard Brockhaus Wiesbaden 1952
/11/	Albrecht W.	Anwendungsgebiete, Eigenschaften und Klassifizierung von alternativen Baustoffen in Bauphysik Heft 4 19. Jahrgang 1997 Seite 121ff Ernst & Sohn Verlag 1997
/12/	Schneider K-J.	Bautabellen für Architekten, 12. Auflage, Werner- Verlag GmbH Düsseldorf 1996

Literatur zu Dachdeckungen

/1/	Schattke Walter;	Das Reetdach, Christians Verlag, Hamburg 1992
/2/	Ebinghaus H.	Der Hochbau Fachbuchverlag, Dr. Pfanneberg & Co., Giessen 1958
/3/	Grützmacher Bernd;	Reet- und Strohdächer, München: Callwey; 1981
/4/	Gotsmy Friederich u.a.;	Fachkunde für Zimmerer, 1.Teil Österreichischer Gewerbeverlag, 1986
/5/	Schmitt H., Heene A.	Hochbau Konstruktion, Vieweg und Sohn, 1981
/6/	Fingerhut Paul;	Schieferdächer: Technik und Gestaltung der Altdeutschen Schieferdeckung unter besonderer Berücksichtigung der Denkmalspflege, Verlagsgesellschaft R. Müller, 1982
/7/	Sax Franz;	Bautechnologie und Bauökonomie, Band 1, Wien bey Anton Doll 1814
/8/		DIN 18 957, Lehmschindeldach Vornorm Mai 1956.
/9/	Sieber Heinz G.;	Baustoff Lehm, Verlag C.F. Müller GesmbH. Karlsruhe
/10/	Carstensen Jens;	Schindeldach und Schindelgiebel: geschichtliche Entwicklung ; Herstellung und Verwendung der Holzschindel [Jens Carstensen. - Reprint. - Hannover : Edition „Libri Rari" Schäfer, 1992. - 144 S. : Ill., graph. Darst. Literaturverz. S 140 - 141
/11/	Güntzel Jochen G.;	Holzschindeln : Geschichte, Herstellung, Anwendung [Jochen Georg Güntzel; Eckard Zurheide. - Staufen bei Freiburg : Ökobuch-Verl., 1986. - 93 S.: Ill., graph. Darst. ; 20 x 21 cm Zusammenfassung in engl. Sprache. - Literaturverz. S. 86 - 91
/12/	Stegemann R.	Das große Baustofflexikon, Deutsche Verlagsanstalt Stuttgart, Berlin, 1941
/13/	Titscher F.	Die Baukunde, Selbstverlag Franz Titscher, 2. Auflage, 1910
/14/	Wagenbreth O.	Naturwissenschaftliches Grundwissen für Ingenieure des Bauwesens, Band 3 Technische Gesteinskunde, 3. Auflage VEB Verlag für Bauwesen Berlin, 1979
/15/	Scholz	Baustoffkenntnis, Werner Verlag, 13. Auflage 1995
/16/	Schunk E. u.a.	Dach Atlas, Institut für internationale Architektur-Dokumentation GmbH, 1991
/17/	Hütte	Hütte, des Ingenieurs Taschenbuch, Band 3, Verlag Wilhelm Ernst und Sohn Berlin 22. Auflage, 1915
/18/	Danzmayer S.	Beitrag zur vergleichenden Ökobilanzierung von Bauteilen, im besonderen von Lehm- und Ziegelwänden, Diplomarbeit am Institut für Baustofflehre, Bauphysik und Brandschutz der TU-Wien, 1996
/19/	Hrsg. Akademie für Umwelt und Energie	Biogastechnologie, ein Beitrag zur nachhaltigen Kreislaufwirtschaft, Reihe Forschung, Band 5, Laxenburg 1995
/20/	Hainzl A.	Die Dachdeckung und ihre historische Entwicklung bis 1900, Diplomarbeit am Institut für Baustofflehre, Bauphysik und Brandschutz der TU- Wien, 1997
/21/	Warth O.	Die Konstruktionen in Holz, Edition libri rari Verlag Th. Schäfer Hannover, 1982
/22/	Fingerhut P.	Schieferdächer, Rudolf Müller Verlag GmbH Köln, 2. Auflage, 1988

Literatur zu Farben

/1/	Knöfel	Bautenschutz mineralischer Baustoffe, Bauverlag GmbH Wiesbaden, 1979
/2/	Knoblauch, Schneider	Bauchemie, Werner Verlag, 4. Auflage 1995
/3/	Imhof, Jakubowski, Weigl	Raum und Farblehre 2, Teil 1, B.G. Teubner, Stuttgart 1975
/4/	Sponsel K., Wallenfang W., Waldau I.	Lexikon der Anstrichtechnik Band 1 und 2., Verlag Georg D. W. Callwey München 9 bzw. 5. Auflage 1992
/5/	Hykade A.	Das Maler und Anstreicherbuch, Bohmann Verlag Wien Heidelberg, 2. Auflage, 1952
/6/	Schönburg K.	Gestalten mit wäßrigen Anstrichstoffen, Verlag für Bauwesen Berlin, 2. Auflage 1991

/7/	Doerner M.	Malmaterial, Ferdinand Enke Verlag Stuttgart, 17. Auflage 1989
/8/	Brasholz A.	Handbuch der Anstrich und Beschichtungstechnik Bauverlag GnbH Wiesbaden, 2. Auflage 1989
/9/	Mally W.	Fachkunde für Maler, Österreichischer Gewerbeverlag, Wien 1995
/10/		Anstriche, Anleitung zum selber machen, Heft 2, Ullstein Fachverlag Berlin

Index

Bauwesen allgemein

ACKERMANN, Kurt/BARTZ, Christian/
FELLER, Gabriele
Behindertengerechte Verkehrsanlagen
Planungshandbuch für Architekten und Ingenieure
1997. 176 Seiten 17 x 24 cm, kartoniert
DM 78,-/öS 569,-/sFr 78,-

BRUCKNER, Heinrich/SCHNEIDER, Ulrich
Naturbaustoffe
1998. 204 Seiten 17 x 24 cm, kartoniert
DM 38,-/öS 277,-/sFr 38,-

DECKER, Heinrich/WEBER, Klaus
Ratgeber für den Tiefbau
5., neubearbeitete und erweiterte Auflage 1998.
472 Seiten 12 x 19 cm, kartoniert
DM 46,-/öS 336,-/sFr 46,-

DIERKS, Klaus/SCHNEIDER, Klaus-Jürgen/
WORMUTH, Rüdiger (Hrsg.)
Baukonstruktion
4., neubearbeitete und erweiterte Auflage 1997.
816 Seiten 17 x 24 cm, gebunden
DM 76,-/öS 555,-/sFr 76,-

ELLWANGER, Bernhard
Bauzeichnen in Beispielen
1998. Etwa 250 Seiten 17 x 24 cm, kartoniert
etwa DM 50,-/öS 365,-/sFr 50,-

FLEISCHMANN, Hans Dieter
Bauorganisation
Ablaufplanung, Baustelleneinrichtung, Arbeitsstudium,
Bauausführung
WIT Bd. 77. 3., neubearbeitete und erweiterte Auflage
1997. 228 Seiten 12 x 19 cm, kartoniert
DM 38,-/öS 277,-/sFr 38,-

FLEISCHMANN, Hans Dieter
Angebotskalkulation mit Richtwerten
Grundlagen der Kostenerfassung im Baubetrieb
– Musterkalkulation –
3., neubearbeitete Auflage 1998.
Etwa 160 Seiten 17 x 24 cm, kartoniert
etwa DM 60,-/öS 438,-/sFr 60,-

FROMMHOLD, Hanns/HASENJÄGER, Siegfried
Neu bearbeitet von Fleischmann, Hans Dieter/
Schneider, Klaus-Jürgen/Wormuth, Rüdiger
Wohnungsbau-Normen
Normen – Verordnungen – Richtlinien
Herausgeber: DIN Deutsches Institut für Normung e. V.
21., neubearbeitete und erweiterte Auflage 1997.
984 Seiten 14,8 x 21 cm, gebunden
DM 86,-/öS 628,-/sFr 86,-

FÜHR, Eduard (Hrsg.) unter Mitarbeit namhafter Fachleute
Architekturbildfachwörterbuch
Hochbau, Stadtplanung und Städtebau Englisch/
Deutsch/Ungarisch/Polnisch/Russisch/Slowakisch
1996. 504 Seiten 24 x 24 cm, gebunden
DM 148,-/öS 1080,-/sFr 148,-

GOCKEL, Heinz
Konstruktiver Holzschutz
Bauen mit Holz ohne Chemie
1996. 108 Seiten 21 x 29,7 cm, kartoniert
DM 85,-/öS 621,-/sFr 85,-

HEISEL, Joachim P./FLEISCHMANN, Hans Dieter/
SCHNEIDER, Klaus-Jürgen
Industrie- und Verwaltungsbaunormen
Normen – Verordnungen – Richtlinien
Herausgeber: DIN Deutsches Institut für Normung e. V.
1997. 1056 Seiten 14,8 x 21 cm, gebunden
DM 136,-/öS 993,-/sFr 136,-

KAPELLMANN, Klaus D./LANGEN, Werner
Einführung in die VOB/B
Basiswissen für die Praxis
7., neubearbeitete und erweiterte Auflage 1998.
224 Seiten 12 x 19 cm, kartoniert
DM 39,-/öS 285,-/sFr 39,-

KNOBLAUCH, Harald/SCHNEIDER, Ulrich
Bauchemie
4., neubearbeitete und erweiterte Auflage 1995.
420 Seiten 17 x 24 cm, kartoniert
DM 35,-/öS 256,-/sFr 35,-

PETERS, Gottfried/WEBER, Klaus
Ratgeber für den Hochbau
12., bearbeitete und erweiterte Auflage 1998.
336 Seiten 12 x 19 cm, kartoniert
DM 38,-/öS 277,-/sFr 38,-

RÖBENACK, Karl-Dieter
Unfälle und Schadensfälle im Bauwesen
Beispiele aus der Praxis
1995. 192 Seiten 17 x 24 cm, kartoniert
DM 60,-/öS 438,-/sFr 60,-

SCHNEIDER, Klaus-Jürgen/SCHUBERT, Peter/
WORMUTH, Rüdiger
Mauerwerksbau
Gestaltung – Baustoffe – Konstruktion –
Berechnung – Ausführung
5., neubearbeitete und erweiterte Auflage 1996.
384 Seiten 17 x 24 cm, kartoniert
DM 58,-/öS 423,-/sFr 58,-

SCHNEIDER, Klaus-Jürgen/WEICKENMEIER, Norbert
Mauerwerksbau aktuell – 1999
Jahrbuch für Architekten und Ingenieure
1998. Etwa 800 Seiten 17 x 24 cm, gebunden
etwa DM 110,-/öS 803,-/sFr 110,-

SCHNEIDER, Ulrich/SCHWIMANN, Mathias/
BRUCKNER, Heinrich
Lehmbau für Architekten und Ingenieure
Konstruktion, Baustoffe und Bauverfahren, Prüfungen
und Normen, Rechenwerte
1996. 264 Seiten 17 x 24 cm, kartoniert
DM 68,-/öS 496,-/sFr 68,-

SCHOLZ, Wilhelm
Neu herausgegeben von Hiese, Wolfram,
unter Mitarbeit namhafter Fachleute
Baustoffkenntnis
13., neubearbeitete und erweiterte Auflage 1995.
840 Seiten 17 x 24 cm, gebunden
DM 84,-/öS 613,-/sFr 84,-

Tu Was – Ökologische Verbraucherberatung
Mainfranken e.V. (Hrsg.)
Ökologisch bauen – aber wie?
Ein Ratgeber für Bauherren mit
Bezugsquellennachweis
2., neubearbeitete und erweiterte Auflage 1997.
494 Seiten 14,8 x 21 cm, kartoniert
DM 44,-/öS 321,-/sFr 44,-

WIESER, Andreas
Perspektiven – Projektionen
Grundlagen, Anwendungsbeispiele, Übungen
1997. 128 Seiten 21 x 29,7 cm, kartoniert
DM 40,-/öS 292,-/sFr 40,-

WORMUTH, Rüdiger/SCHNEIDER, Klaus-J. (Hrsg.)
Bauen von A bis Z
Erläuterung wichtiger Begriffe des Bauwesens
1998. Etwa 300 Seiten 14,8 x 21 cm, kartoniert
etwa DM 60,-/öS 438,-/sFr 60,-

Werner Verlag · Postfach 10 53 54 · 40044 Düsseldorf